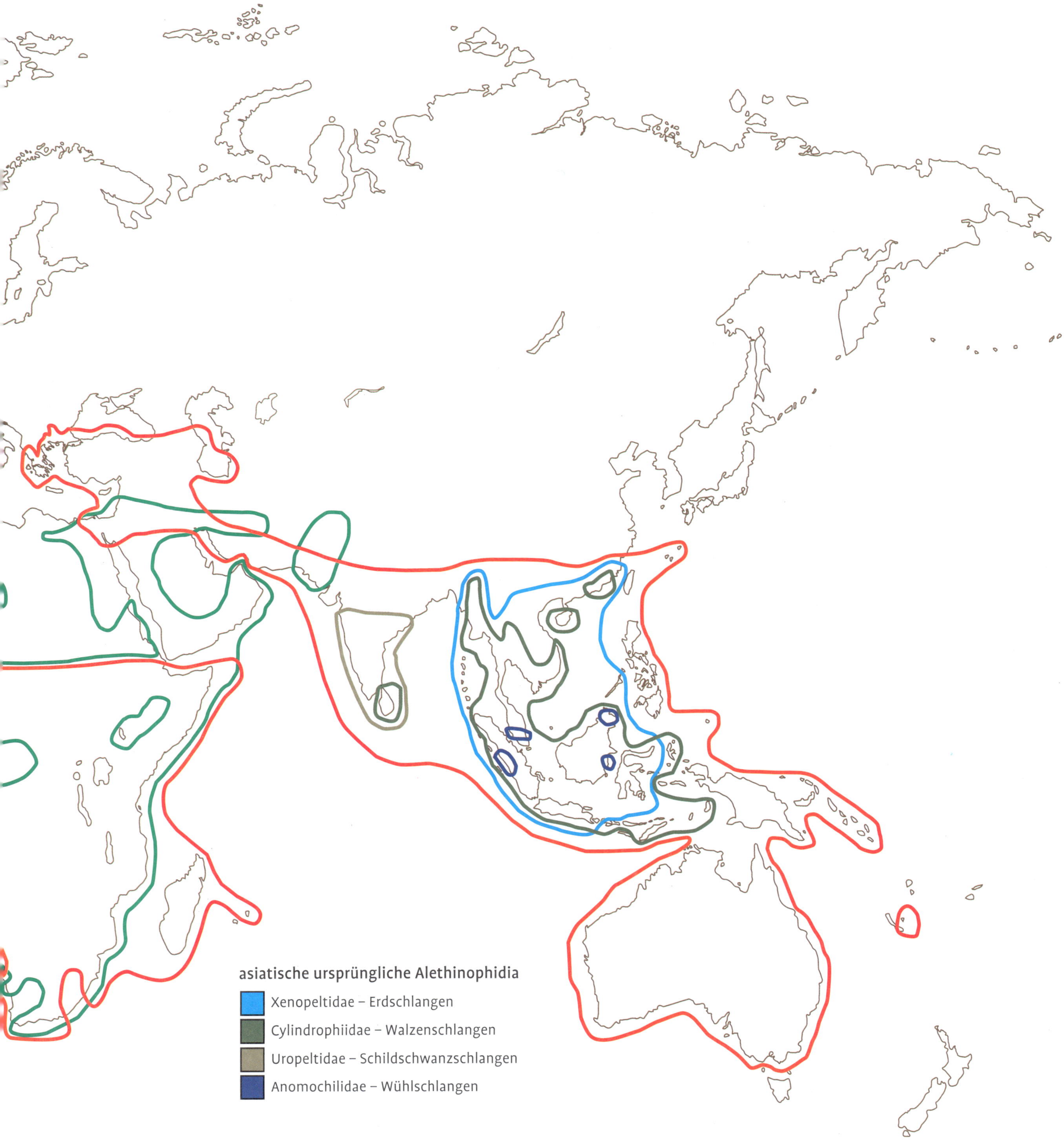
asiatische ursprüngliche Alethinophidia
Xenopeltidae – Erdschlangen
Cylindrophiidae – Walzenschlangen
Uropeltidae – Schildschwanzschlangen
Anomochilidae – Wühlschlangen

Boas und Pythons der Welt

Mark O'Shea

Boas und Pythons der Welt

150 Farbfotos
2 Karten

Ulmer

Titel der englischen Originalausgabe: Boas and Pythons of the World
Aus dem Englischen von Michael Kokoscha und Eva Sixt

First published in Germany by Verlag Eugen Ulmer.
Published in the United Kingdom by New Holland Publishers (UK) Ltd.

Bibliografische Information der Deutschen Nationalbibliothek
Die Deutsche Nationalbibliothek verzeichnet diese Publikation in der Deutschen Nationalbibliografie; detaillierte bibliografische Daten sind im Internet über http://dnb.d-nb.de abrufbar.

Wollgrasweg 41, 70599 Stuttgart (Hohenheim)
E-Mail: info@ulmer.de
Internet: www.ulmer.de
Umschlagentwurf: Atelier Reichert, Stuttgart
Lektorat: Michael Kokoscha, Dr. Eva-Maria Götz
Herstellung: Michael Kokoscha, Martina Gronau
Reproduktion: Pica Digital Pte Ltd
Druck und Bindung: Tien Wah Press (Pte) Ltd
Printed in Singapore

ISBN 978-3-8001-5633-7

Fotos auf dem Umschlag:
Titelbild: Grüner Baumpython (*Morelia viridis*)
Rückseite (links): Regenbogenboa (*Epicrates cenchria cenchria*)
Rückseite (rechts): Abgottschlange (*Boa constrictor*)
Klappe: Mark O'Shea mit Burmesischem Tigerpython (*Python molurus bivittatus*)

Seite 1: Junger Grüner Baumpython (*Morelia viridis*)
Seite 2: Regenbogenboa (*Epicrates cenchria*)
Diese Seite (links): Dumérils Madagaskar-Boa (*Acrantophis dumerili*)
Seite 6 (links): Netzpython (*Python reticulatus*)
Seite 6 (rechts): Stimson-Python (*Antaresia stimsoni*)
Seite 7 (links): Gartenboa (*Corallus hortulanus*)
Seite 7 (rechts): Dumérils Madagaskar-Boa (*Acrantophis dumerili*)

Dieses Buch ist meiner Partnerin Bina Mistry gewidmet, die als begeistertes „Dschungel-Girl" (und widerstrebende Schlangenjägerin) mit mir seit fast zehn Jahren durch Dick und Dünn und Höhen und Tiefen geht.

Vorwort

Mark O´Shea hat vier Python-Arten in einer einzigen Nacht gefangen, nackt eine *Boa constrictor* aus seinem Zelt vertrieben (und war zurück im Zelt, bevor seine Kollegen sich ihre Kameras schnappen konnten), wäre fast ertrunken, als er im Wasser von einem großen Amethystpython umschlungen wurde, entdeckte eine neue Pythonart Neuguineas und wies als erster den Burmesischen Tigerpython im Westen Nepals nach. Das ist der Stoff, aus dem sein Leben als Herpetologe und Feldbiologe besteht.

Manche Menschen entscheiden sich für die Herpetologie, andere dagegen sind dazu geboren und hatten niemals einen anderen Wunsch. Die der zweiten Kategorie sind Herpetologen aus Berufung, und das ihr ganzes Leben lang. Mark O'Shea fühlte diese Berufung bereits, als er neun Jahre alt war, und die Faszination an der Herpetologie hat ihn nie losgelassen.

Mark O'Shea hat noch eine andere Leidenschaft: den Drang, zu reisen und Abenteuer zu erleben. Erste Feldstudien in Florida und Borneo brachten ihn auf den Geschmack, die Welt zu sehen, und so verbrachte er einen großen Teil seines Lebens damit, alle Kontinente zu bereisen, auf denen Reptilien leben.

Die meisten Herpetologen träumen davon, Expeditionen zu weit entfernten Orten zu machen, um seltenen Reptilien und Amphibien zu begegnen. Wir selbst sind oft genug aus diesen Gründen unterwegs gewesen und bewundern Mark O'Sheas Begeisterung und die Opfer, die er auf seinen weiten Reisen auf sich genommen hat. Meist sind solche Unternehmungen unbequem und bringen unvorstellbar viele logistische Probleme mit sich. Tropische Sümpfe zu durchqueren, die von Krokodilen wimmeln, auf der Suche nach Grubenottern Felsen zu erklimmen, Königskobras zu fangen und mit Anakondas zu ringen – all das sind Lieblingsaktivitäten von O'Shea, und oft ist Hilfe weit entfernt.

Mark O'Shea hat die Abenteuer gesucht, und dieses Buch ist voll von seinen Geschichten. Über Boas und Pythons sind viele Bücher geschrieben worden, doch dieses stammt von einem Autor, der über ein enormes Wissen über die beiden Schlangenfamilien verfügt und viele der Arten in freier Natur gesehen hat. Im Text finden sich immer wieder Anmerkungen und Beobachtungen aus erster Hand. O'Shea ist den Riesenschlagen auf jedem Kontinent begegnet, den sie bewohnen, und auch auf vielen Inseln der tropischen Meere.

Das Buch enthält viele herrliche Bilder seltener Arten und solcher, die man kaum zu Gesicht bekommt. Wir selbst haben eine Vorliebe für Boas und Pythons, aber die Informationen und Bilder der selten fotografierten und beschriebenen ursprünglichen Schlangen fesselten unsere Aufmerksamkeit besonders und motivierten uns, das Buch vom Anfang bis zum Ende in einem Stück zu lesen. Dieses neue Buch bietet Ihnen besondere Einblicke in die Lebensweise dieser Schlangen. Wir gratulieren Mark O'Shea zu diesem gelungenen und schönen Werk, das für jede Bibliothek eine wertvolle Bereicherung ist.

Dave und Tracy Barker,
Boerne, Texas, im Juli 2006

Einleitung

Dieses Buch behandelt nicht nur die großen Boas (Familie Boidae) und Pythons (Familie Pythonidae), sondern auch all die kleinen, im Verborgenen lebenden Familien, zum Beispiel die ursprünglichen Blind- und Wurmschlangen, die den Echsen, den Vorfahren der Schlangen, am nächsten stehen. Es stellt all die sonderbaren Familien vor, die eine Zwischenstellung zwischen den Blindschlangen und den bekannteren Riesenschlangen einnehmen, wie die Walzenschlangen, Schildschwanzschlangen, Erdschlangen, Stachelkieferschlangen, Mauritius-Boas und Zwergboas. So behandelt dieses Buch nicht nur die größten Schlangen der Erde, sondern auch die kleinsten.

Die Gliederung folgt eher einem geografischen als einem taxonomischen Ansatz. Europa ist nur schwach vertreten, da hier nur wenige Arten der in diesem Buch behandelten Familien vorkommen. Eurasien ist deshalb mit dem tropischen Asien in einem Kapitel zusammengefasst worden. In anderen Teilen der Erde hingegen gibt es mehr Boas und Pythons als Giftschlangen. Interessanterweise leben 75 % aller Boas in der Neuen Welt, während 72 % aller Pythons in Australasien vorkommen.

In diesem Buch wird der Leser auch die Artenvielfalt der Westindischen Inseln entdecken, wo neun Schlankboas, zwei Unterarten der Abgottschlange (*Boa constrictor*) und 17 Zwergboas leben. Giftschlangen kommen hingegen nur auf acht Inseln in der Karibik vor. Die große Insel Madagaskar im Indischen Ozean bewohnen drei Madagaskar-Boas. Außerdem kommen zwei ausgesprochen ungewöhnliche Round-Island-Boas auf der kleinen Île Ronde oder Round Island vor Mauritius vor, von denen eine Art jedoch wahrscheinlich bereits ausgestorben ist. Im südwestlichen Pazifik sind wesentlich mehr Inseln von Boas als von Giftschlangen besiedelt worden.

Die geografische Gliederung ist jedoch nicht ganz unproblematisch: Die Walzenschlangen (*Cylindrophis*) und Sandboas (*Eryx* und *Gongylophis*) sind in zwei unterschiedlichen Kapiteln vertreten, die Schlankblindschlangen (*Leptotyphlops*) und die Pythons im engeren Sinne (*Python*) in dreien und die Blindschlangen (*Typhlops*) in allen vieren.

Diese von den Fidschi-Inseln stammende Pazifikboa (*Candoia bibroni*) ist ein Mitglied einer ausgesprochen vielfältigen Gattung, die auf den zahllosen Inseln der Südsee verbreitet ist.

Evolution der Beinlosigkeit

Schlangen werden meist definiert als Reptilien mit lang gestrecktem, mit Schuppen besetztem Körper, ohne Ohren und Augenlider, mit einer gegabelten Zunge und – genau genommen nicht ganz richtig – ohne Beine. Die Beinlosigkeit tritt aber nicht nur bei Boas, Pythons und den übrigen Schlangen auf. Bei anderen Reptiliengruppen und sogar bei einigen Amphibien sind die Beine ebenfalls zurückgebildet, was als eine konvergente Entwicklung mit den Schlangen betrachtet werden kann.

Als Tetrapoda bezeichnet man Landwirbeltiere oder wörtlich „Vierfüßer", ungeachtet dessen, ob ihre Beine zu Flügeln oder Flossen umgebildet oder vollständig verschwunden sind, wie bei den Schlangen. Der ursprüngliche Zustand ist der des Tetrapoden mit fünfstrahligen Extremitäten. Alle Anpassungen, die von diesem Zustand abweichen, können als Weiterentwicklung betrachtet werden, auch wenn die Entwicklung in Richtung Beinlosigkeit geht. Der Verlust der Beine gilt demnach bei den Tetrapoden als höher entwickeltes Merkmal.

Die Reduktion oder der Verlust der Beine gehen oft einher mit der Verlängerung des Körpers, einer Verkürzung des Schwanzes und einer grabenden Lebensweise. Als viele Reptiliengruppen begannen, unterirdische Lebensräume zu besiedeln, fand die Reduktion der Gliedmaßen innerhalb der Schuppenkriechtiere (Squamata) mehrmals statt. Im Folgenden möchte ich die beinlosen Landwirbeltiere, die nicht zu den Schlangen gehören, kurz vorstellen.

Amphibien

Die meisten der 6000 heute lebenden Amphibienarten gehören den beiden Ordnungen Anura (Frösche und Kröten) und Caudata (Molche und Salamander) an und besitzen Beine. 160 Amphibienarten zählen jedoch zu der weniger bekannten Ordnung Gymnophiona und sind beinlose Blindwühlen. Mit ihrem drehrunden, quer geringelten Körper und dem abgestumpften Kopf mit den nur schwer zu erkennenden Augen und dem kurzem Schwanz erinnern sie an Regenwürmer. Blindwühlen leben im Wasser oder im feuchten Boden und sind in den gesamten Tropen verbreitet.

Reptilien

Bei den Reptilien findet man die Beinlosigkeit oder die Reduktion der Beine zusammen mit der Verlängerung des Körpers vor allem bei der Unterordnung Serpentes (Schlangen), aber auch bei der Familiengruppe Amphisbaenia (Doppelschleichen) ist sie der „normale" Zustand. Außerdem ist bei vielen anderen Gruppen der Echsen die Reduktion der Gliedmaßen eine häufige Anpassung.

Zur Familiengruppe Gekkota gehören nicht nur weltweit über 1000 Gecko-Arten, sondern auch die australasiatischen Pygopodidae oder Flossenfüßer, eine Familie mit 35 Arten lang gestreckter Echsen, deren Vorderbeine fehlen und deren Hinterbeine zu schuppenartigen Fortsätzen reduziert sind. Die meisten Flossenfüßer ernähren sich von Ameiseneiern und Wirbellosen mit weichem Körper, wie die Blindschlangen auch. Die Arten der Gattung *Lialis* haben jedoch verlängerte, sehr bewegliche Kiefer entwickelt, mit denen sie relativ große Skinke verschlingen können, die im Verhältnis zu ihrer Größe der Beute eines Python gleichkommen. Die beinlosen indomalaiischen Schlangenschleichen der Gattung *Dibamus* können sehr leicht mit Blindschlangen verwechselt werden – nur ein Experte kann sie mithilfe einer Lupe eindeutig bestimmen.

Die Scincomorpha umfassen sieben Echsenfamilien, darunter die amerikanischen Schienenechsen, die eurasisch-afrikanischen Echten Eidechsen und die auf der ganzen Welt verbreiteten Skinke. Den meisten Familien gehören zahlreiche langbeinige Arten an, aber auch einige schlangenähnliche Vertreter wie die der südamerikanischen Gattung *Bachia*, die der afrikanischen Gattung *Melanoseps* und die der Gattung der afrikanischen Lanzenskinke (*Acontias*).

Zu den Anguioidea (Schleichenartigen) gehört die Familie Anguidae mit der europäischen Blindschleiche (*Anguis fragilis*), den amerikanischen Glasschleichen (*Ophisaurus*) und dem bis zu 1,2 m lange Scheltopusik (*Pseudopus apodus*) des Balkans, der längsten beinlosen Echse.

Die Amphisbaenia oder Doppelschleichen entstammen den Gekkota. Der wissenschaftliche Name „Amphisbaenia" kommt aus dem Griechischen und bedeutet: „in jede Richtung gehen". Die größte Art, die 0,7 m lange Rote Doppelschleiche (*Amphisbaena alba*) wird in Brasilien „cobra de duas cabeças" genannt, „Schlange mit zwei Köpfen", weil sowohl der Kopf als auch der Schwanz kurz und gerundet sind. 140 Doppelschleichenarten kommen in Südamerika, auf den Westindischen Inseln, im südlichen Florida, in Afrika südlich der Sahara und auf der Iberischen Halbinsel, in Marokko und im Nahen Osten vor.

Die Beinlosigkeit hat sich bei Amphibien und Reptilien viele Male unabhängig voneinander entwickelt. Allerdings gibt es nur 350 Arten beinloser Blindwühlen, Doppelschleichen und Eidechsen. Ihnen stehen fast 3000 Schlangenarten gegenüber, die belegen, dass Gliedmaßen für erfolgreiche Jäger nicht zwingend erforderlich sind.

Oben: Dieser beinlose Skink (*Typhlosaurus vermis*) veranschaulicht, dass die Reduktion der Gliedmaßen nicht nur bei Schlangen vorkommt.

Körperbau der Schlangen

Schlangen, Echsen und die beinlosen Doppelschleichen gehören zur Ordnung der Squamata (Schuppenkriechtiere). Das Schwestertaxon der Squamata sind die Sphenodontina mit nur zwei heute noch vorkommenden Arten, den neuseeländischen Brückenechsen oder Tuataras (*Sphenodon*). Gemeinsam bilden sie die Lepidosauria, die den Archosauria gegenüberstehen, zu denen die Dinosaurier, Vögel und Krokodile gehören. Die Schildkröten zweigten von der Stammlinie ab, lange bevor sich Lepidosauria und Archosauria trennten. Schlangen sind lang gestreckte, Schuppen tragende Reptilien mit gespaltener Zunge, fehlenden Augenlidern, fehlenden Ohröffnungen und für gewöhnlich fehlenden Beinen.

Gestalt des Körpers

Boas und Pythons haben eine enorm kräftige Muskulatur, um große und gefährliche Beutetiere erdrosseln zu können. Einige der Arten, die vorwiegend auf Bäumen leben und harmlose Echsen oder Frösche erbeuten, sind jedoch schlank. Manche der landbewohnenden Boas sind gedrungene Lauerjäger, den höher entwickelten Vipern und Giftnattern nicht unähnlich, die dieselbe Jagdstrategie haben. Die ursprünglichen Schlangen leben meist grabend im Erdboden oder in der Laubstreu verborgen. Sie sind schlank, oft drehrund, und der Kopf ist nicht oder kaum vom Hals und Körper abgesetzt, anders als bei baumbewohnenden Boas und Pythons, die mit ihren breiten Kiefern große Beutetiere verschlingen können. Manchmal unterscheiden sich die Geschlechter in der Größe. Ein extremes Beispiel hierfür ist die Große Anakonda, *Eunectes murinus*, bei der die Männchen oft nur etwa halb so lang werden wie die Weibchen.

Auch die Art des Schwanzes erlaubt Rückschlüsse auf die Lebensweise des Besitzers. Agile, baumbewohnende Arten, vor allem Hundskopfboas und Baumpythons, haben lange Schwänze, die sie als Greiforgan einsetzen. Auf dem Boden lebende Boas und unterirdisch lebende Sandboas besitzen dagegen kurze, spitz zulaufende Schwänze, denn sie müssen sich nicht an Zweigen festhalten. Die grabenden Blindschlangen haben ebenfalls kurze Schwänze, die in einem Dorn enden, der die Fortbewegung unter der Erde unterstützt. Die Schildschwanzschlangen haben merkwürdige, wie schräg abgeschnitten wirkende Schwänze, die dornige Schilde tragen, mit denen sie Erde aufnehmen und den Bau hinter sich verschließen können.

Die Regenbogenboa (*Epicrates cenchria gaigae*) weist eine schillernde Zeichnung auf. Sie rollt ihren muskulösen Körper in für Würgeschlangen typischer Weise auf.

Haut und Schuppen

Form, Größe, Struktur und Aussehen der Schuppen variieren bei den Schlangenarten stark. Viele der ursprünglichen Schlangen tragen winzige Schuppen, die mit bloßem Auge nicht zu erkennen sind. Die Schuppen am Bauch gleichen denen des Rückens. Der Kopf trägt wenige große, durchsichtige Schuppen, unter denen die kleinen Augen kaum zu sehen sind. Regelmäßigere und erkennbare Schuppen findet man bei den Walzenschlangen und anderen kräftiger gebauten Schlangen. Ab dieser Entwicklungsstufe sind die Schuppen generell größer, sodass man die Schuppenreihen viel leichter zählen kann, um Arten zu bestimmen. Bei den Pythons und Boas finden wir ganz unterschiedliche Schuppentypen, klein und gekörnt bei der Abgottschlange, groß und charakteristisch ziegelartig überlappend bei den großen Pythons. Viele ungewöhnlichere Anordnungen kommen bei den höher entwickelten Warzenschlangen (tuberkelartige Schuppen), Seeschlangen (sechseckige Schuppen) und Sandrasselottern (gekielte Schuppen) vor. Mitglieder der höher entwickelten Schlangenfamilien besitzen glatte oder gekielte Schuppen oder solche mit einem mittleren Längskiel, was ihnen ein matteres Aussehen und eine raue Struktur verleiht. Unter den über 500 Schlangenarten der 15 Familien, die in diesem Buch behandelt werden, sind glatte Schuppen die Regel. Gekielte Schuppen findet man bei weniger als 40 Boas im weitesten Sinne und bei einem einzigen Python, dem Rauschuppenpython (*Morelia carinata*).

Bei bodenbewohnenden Arten, typischerweise bei Pythons und Boas, sind die Bauchschuppen breiter als die Rückenschuppen. Sie unterstützen die Fortbewegung auf dem Erdboden, während die reduzierten Schuppen von Blindschlangen und Walzenschlangen für die Fortbewegung unter der Erde wohl ausreichend sind.

Der Kopf kann mit vielen kleinen, gekörnten Schuppen oder mit regelmäßig angeordneten, vergrößerten Schuppen besetzt sein, die als Schilde bezeichnet werden. Bei den Pythons und Boas gibt es Arten mit vollständig körnig beschupptem Kopf, Arten mit einigen erkennbaren Schilden, meist über den Augen und in der Internasalregion, und Arten mit vollständig ausgebildeten Schilden auf dem Kopf und an den Kopfseiten. Beispiele von Arten mit gekörnten Kopfschuppen sind der Grüne Baumpython (*Morelia viridis*) und die Abgottschlange (*Boa constrictor*), während der Braune Wasserpython (*Liasis fuscus*) klar abgegrenzte Kopfschilde besitzt. Typ, Anordnung und Zahl der Schuppen sind bei bestimmten Schlangenarten und -gattungen so festgelegt und charakteristisch, dass sie das wichtigste Merkmal bei der Bestimmung und viel bedeutender als variable oder relative Merkmale wie Farben und Zeichnung sind.

Die Farben und Zeichnungen können bei Schlangen stark variieren. Viele Arten sind auf gedeckte Farbtöne und Tarnmuster angewiesen, um nicht entdeckt zu werden, während andere eine leuchtende Warntracht tragen oder grellbunt gefärbte Körperregionen kurzzeitig zur Abwehr aufblitzen lassen. Die Schlangen, die dieses Verhalten zeigen, sind meist giftig und beißen schließlich möglicherweise zu. Aber auch einige harmlose Arten tragen auffällige Warnfarben und Muster. Sie genießen so einen gewissen Schutz, weil sie mit giftigen Arten verwechselt werden. Ob es sich dabei um einen Zufall oder eine Strategie handelt, ist schwer zu sagen. Das Muster der südamerikanischen Korallenrollschlange (*Anilius scytale*) ähnelt dem der hoch giftigen Korallenschlangen der Gattung *Micrurus*. Die Korallenschlangen traten in der Evolutionsgeschichte jedoch erst viel später auf. In diesem Fall muss die Mimikry demnach zufällig sein. Sogar innerhalb einer Art können Farben und Muster variieren. Die Jungtiere eines Geleges oder Wurfes können unterschiedlich gefärbt sein. Die eindrucksvollsten Beispiele sind die roten, orangefarbenen oder grünen Jungtiere des Grünen Hundskopfschlingers (*Corallus caninus*). Diese bunt gefärbten Jungen durchlaufen in ihrer Individualentwicklung einen Farbwechsel hin zum grünen Erwachsenenkleid. Bei manchen Arten sind die Geschlechter unterschiedlich gefärbt, und einige Pazifikboas der Gattung *Candoia* können ihre Färbung im Lauf der Zeit verändern, von hell nach dunkel und zurück. Ursache und Auslöser für dieses Phänomen sind unbekannt.

Schlangen besitzen keine beweglichen Augenlider. Die Lider sind zu durchsichtigen Bedeckungen der Augen verwachsen, der so genannten Brille, die bei der Häutung ebenfalls erneuert wird. Das Ersetzen der Augenlider durch eine Brille tritt auch bei grabenden Echsen häufig auf und dient wahrscheinlich dem Schutz des Auges auf und unter der Erdoberfläche. Schlangen häuten sich regelmäßig in Verbindung mit dem Wachstum, der Wundheilung oder vor der Eiablage oder dem Werfen. Sie stoßen ihre Haut oft in einem Stück ab, sodass ein umgestülpter farbloser Hautschlauch übrig bleibt.

Innere Organe

Schlangen sind Wirbeltiere mit Schädel und Kiefern und einer Wirbelsäule, an der zahlreiche Rippen ansetzen. Brustbein, Schultergürtel und die Vordergliedmaßen fehlen. Die meisten der in diesem Buch behandelten Arten, die Pythons und Boas und viele der ursprünglicheren Arten, sogar die schlanken Blindschlangen, besitzen einen rudimentären Beckengürtel und Aftersporne, Überreste der Hinterbeine. Sie erscheinen als mehr oder weniger ausgeprägte gebogene Sporne beiderseits der Kloake, der gemeinsamen Öffnung von Genital- und Exkretionsorganen. Die Aftersporne sind bei Männchen meist größer, denn einige Arten, vor allem Pythons und Boas, benutzen sie, um Weibchen während der Paarung zu stimulieren. Weibchen verwenden ihre Aftersporne nicht. Es handelt sich um Rudimente, die in der Größe reduziert sein oder auf einer oder beiden Seiten fehlen können. Anwesenheit und Größe der Aftersporne können bei der Geschlechtsbestimmung hilfreich sein. Keine höher entwickelten Schlangen als die in diesem Buch behandelten besitzen Rudimente des Beckengürtels oder Aftersporne.

Die Organe gleichen denen der übrigen Wirbeltieren, sind jedoch an den gestreckten Körper angepasst. Das Herz im Brustkorb ist dreikammerig, nicht vierkammerig wie bei Säugetieren und Krokodilen. Außerdem befindet sich im Brustkorb eine Hauptlunge, die sich fast über die Hälfte der Körperlänge er-

Zu den Sinnesorganen des Grünen Hundskopfschlingers (*Corallus caninus*) gehören die gegabelte Zunge, Augen mit vertikaler Pupille und wärmeempfindliche Grubenorgane in den Schuppen der Kiefer.

streckt (ob es sich um den rechten oder linken Lungenflügel handelt, hängt von der Familie ab), und ein reduzierter zweiter Lungenflügel.

Sinnesorgane

Die Augen der Blindschlangen sind auf pigmentierte Felder unter den großen, durchsichtigen Kopfschuppen reduziert. Alle anderen Schlangen besitzen erkennbare Augen, die jedoch stark in der Größe reduziert sein können, da der Gesichtssinn für eine grabende Schlange oder einen nachtaktiven Bewohner der Laubstreu sicherlich nicht der wichtigste Sinn ist. Die Pupillen können rund oder senkrecht geschlitzt sein. Letzteres steht in Verbindung mit einer eher nachtaktiven Lebensweise, denn so kann mehr Licht auf die Netzhaut gelangen. Schlangen können aufgrund der Struktur ihrer Netzhaut, die vor allem mit Stäbchen, weniger mit Zapfen besetzt ist, Bewegung gut wahrnehmen. Die Wahrnehmung ähnelt somit der peripheren Wahrnehmung der Säugetiere, die vor allem bei Gefahr wichtig ist. Farben und Formen können Schlangen nicht erkennen. Manche Schlangen scheinen dagegen die geringste Bewegung wahrnehmen zu können. Vor nicht allzu langer Zeit entdeckte man, dass einige Arten der Gattung *Corallus* ein Tapetum lucidum besitzen, eine reflektierende Schicht hinter der Netzhaut. Ihre Augen leuchten ähnlich den Augen von Krokodilen, Fröschen und nachtaktiven Säugetieren im Lichtschein auf. Das Tapetum steigert sicherlich ihren nächtlichen Jagderfolg, und auch den meinen, denn ich kann diese Schlangenarten nachts wesentlich besser mit einer Taschenlampe aufspüren.

Schlangen besitzen keine äußeren Ohröffnungen, sodass sie die Schallwellen der Luft nicht wie wir wahrnehmen können. Geräusche verursachen jedoch Schwingungen, die sich auch über feste Gegenstände übertragen, und Schlangen können sie am Boden über ihren Unterkiefer wahrnehmen. Für die Arten, die auf dem Waldboden leben, können solche Vibrationen ein wichtiges Warnsignal sein. Man hat beobachtet, dass Schlangen, die unter der Erde leben, ihren Aufenthaltsort schnell verlassen, wenn sie die Vibrationen eines Erdbebens wahrnehmen.

Alle Schlangen-Arten besitzen eine chemosensitive gegabelte Zunge, mit deren Hilfe sie Beutetiere und Geschlechtspartner aufspüren und sich in ihren Revieren orientieren. Die Zunge sitzt ganz vorn im Unterkiefer unterhalb des ausstülpbaren Kehlkopfes, der ein Weiteratmen während des Schlingens ermöglicht. Die gespaltene Zunge arbeitet mit dem Jacobsonschen Organ im Gaumendach zusammen. Fühlt sie sich bedroht, züngelt die Schlange häufiger und schneller. Die gespaltene Zunge hat nichts mit der Giftigkeit einer Schlange zu tun, denn keine der in diesem Buch behandelten Arten ist giftig.

Einige Schlangen, wie Boas, Pythons und Grubenottern, besitzen außerdem Wärmesinnesorgane am Kopf. Diese Gruben-

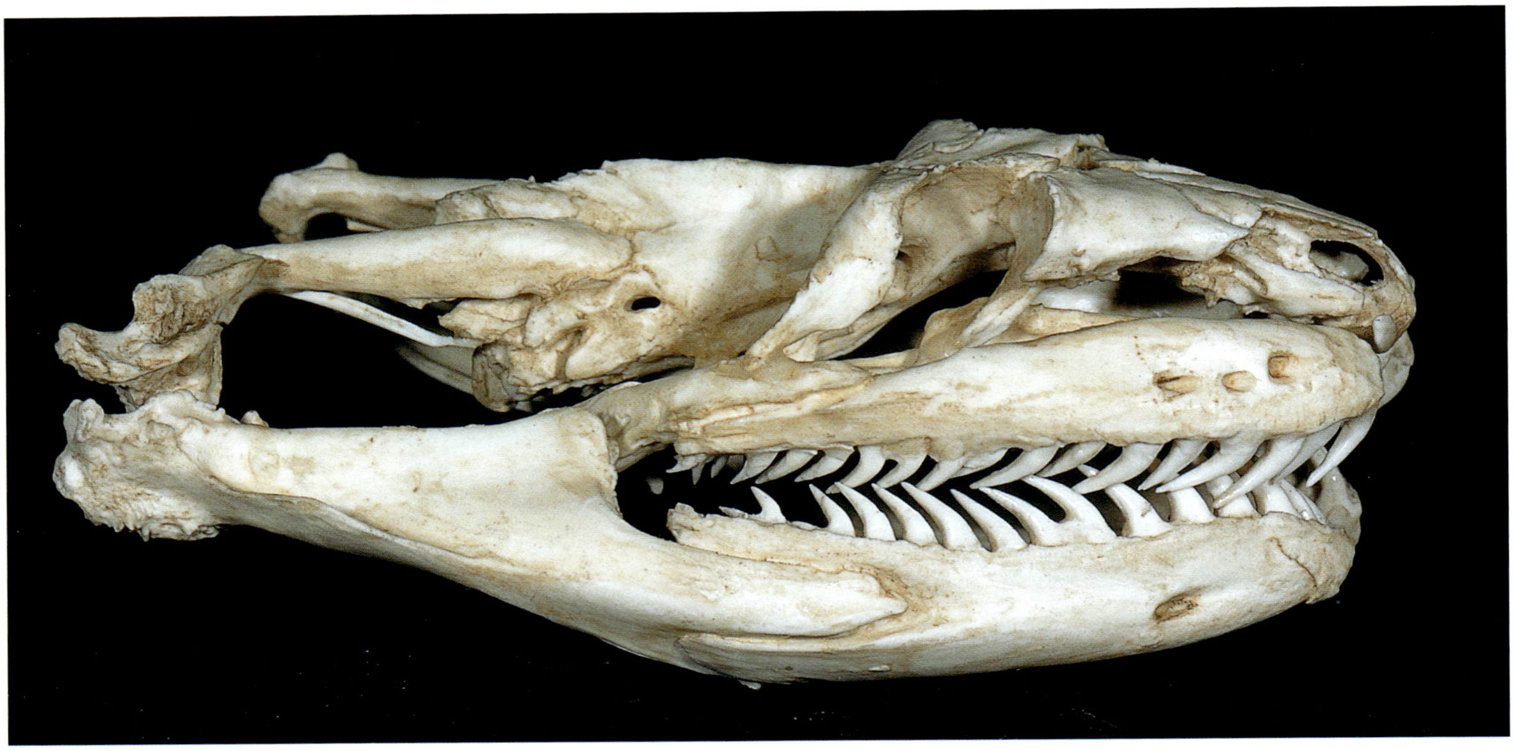

Im Schädel der Großen Anakonda (*Eunectes murinus*) sitzen sechs Reihen scharfer, nach hinten gekrümmter Zähne, aber keine Giftzähne.

organe enthalten äußerst wärmeempfindliche Rezeptoren, mit denen die Schlangen ihre warmblütigen Beutetiere lokalisieren können. Bei Boas und Pythons bestehen diese Organe aus einer Serie schlitzförmiger Öffnungen in den oberen und unteren Lippenschilden (Supralabial- und Infralabialschilde). Sie übermitteln der Schlange den Aufenthaltsort des Beutetieres. Sowohl die Entfernung als auch die Richtung kann sie so wahrnehmen und auch in völliger Dunkelheit gezielt zuschlagen. Hundskopfboas der Gattung *Corallus* erbeuten Nektar trinkende Fledermäuse. Die Schlangen nehmen dabei lediglich die Körperwärme der Beute wahr.

Kiefer und Zähne

Schädel und Kiefer der meisten Schlangen sind extrem flexibel. Die Beweglichkeit der Schädelknochen hat bei ihnen den höchsten Grad unter den landbewohnenden Wirbeltieren erreicht. Da sowohl Vordergliedmaßen zum Ergreifen als auch spezialisierte Zähne zum Zerteilen der Beute fehlen, stehen der Schlange nur ihr Maul und die Körperwindungen zur Verfügung, um die Beute zu fangen, zu erdrosseln und zu verschlingen. Bei den meisten höher entwickelten Schlangen ist der Unterkiefer nicht wie bei Säugetieren zu einer festen Einheit verbunden, sondern besteht aus einer rechten und linken Hälfte, die unabhängig voneinander bewegt werden können. Die meisten Schlangen können ihre Kiefer deshalb extrem weit öffnen und Beutetiere verschlingen, die die Breite ihres Maules um ein Mehrfaches übersteigen. Sie renken ihre Kiefer nicht aus, sondern die Kiefer sind über Gelenkkopf und Gelenkpfanne locker mit dem Schädel verbunden. Jede Seite des Unterkiefers besteht aus mehreren separaten und beweglichen Knochen, sodass eine bemerkenswerte Flexibilität in mehrere Richtungen gewährleistet ist. Bei vielen der ursprünglichen Schlangen ist der Unterkiefer nicht in gleichem Maße flexibel. Sie können nur weiche Beutetiere verschlucken, die zusammengedrückt werden können, oder Tiere mit lang gestrecktem Körper, dessen Durchmesser den des Schlangenmaules nicht übertrifft. Die Mauritius-Boas (siehe S. 110) besitzen eine weitere Anpassung des Unterkiefers. Der vordere und der hintere Teil sind scharnierartig miteinander verbunden, sodass eine noch größere Flexibilität beim Verschlingen glattschuppiger Echsen gewährleistet ist. Die Unabhängigkeit beider Unterkieferhälften kann in Verbindung mit den nach hinten gekrümmten Zähnen dazu eingesetzt werden, die Beute in den Schlund zu ziehen. Sie ersetzt somit die Gliedmaßen zum Ergreifen der Beute.

Wie wir in den Kapiteln über die ursprünglichen Schlangen sehen werden, besitzen manche Arten nur wenige Zähne entweder im Ober- oder im Unterkiefer. Dennoch haben die meisten Schlangen, die höher entwickelt sind als die Blindschlangen, sechs Reihen von Zähnen, zwei im Unterkiefer und vier im Oberkiefer. Meist sind es einfache, nach hinten gekrümmte Haken, die verhindern, dass die Beute entkommen kann, und dazu beitragen, sie in Richtung Schlund auszurichten. Manche der baumbewohnenden Boas und Pythons besitzen vorn im Kiefer vergrößerte Zähne, um Vögel zu packen, andere Arten weiter hinten im Kiefer, um aufgeblasene Frösche zu punktieren. Dabei handelt es sich aber meist um Arten, die in diesem Buch nicht behandelt werden. Keine der in diesem Buch vorkommenden Arten ist giftig, auch nicht im heute gebräuchlichen, weiter gefassten Sinn, der viele Schlangen-Arten einschließt, die früher als ungiftig bezeichnet wurden. Die Entwicklung und Struktur der Duvernoy'schen Drüsen und der Giftdrüsen, die Zusammensetzung der Gifte und die vielfältigen Anordnungen der vorne und hinten im Kiefer stehenden Zähne sind kompliziert und nicht Gegenstand dieses Buches.

Systematik und Verbreitung der Schlangen

Die Unterordnung Serpentes (oder Ophidia) der Ordnung Squamata (Schuppenkriechtiere) umfasst fast 3000 heute lebende Schlangenarten. Sie können in drei Gruppen eingeteilt werden. Die am höchsten entwickelten sind die Arten der Caenophidia, wörtlich die „neuen Schlangen“, die zutreffender als „höher entwickelte Schlangen“ bezeichnet werden. Zu ihnen gehören etwa 2350 Arten, von denen 75 % (1700) in der großen Familie der Nattern (Colubridae) zusammengefasst werden, der sowohl ungiftige als auch giftige Schlangen mit hinten im Kiefer stehenden Giftzähnen angehören. Zu den Caenophidia gehören auch die indoaustralischen ungiftigen, aquatischen Warzenschlangen (Acrochordidae), die afrikanisch-arabischen Erdottern (Atractaspididae) sowie die Familien der Giftnattern (Elapidae) und Vipern (Viperidae) mit vorn im Kiefer stehenden Giftzähnen.

Wenn man die Caenophidia als „höher entwickelt“ betrachtet und die übrigen Arten als „primitive Schlangen“ bezeichnet, wird man ihnen nicht gerecht, denn viele von ihnen zeigen erhebliche Anpassungen in ihrem Körperbau und ihrem Verhalten. Es ist wahr, dass sie den Vorfahren der frühen Schlangen näher stehen als Kletternattern, Kobras und Vipern, die den Caenophidia angehören, und sie weisen verschiedene ursprüngliche Merkmale auf, aber das macht sie nicht notwendigerweise zu primitiven Schlangen, sondern zu ursprünglichen. Per Definition sind alle Schlangen höher entwickelte Reptilien. Der Verlust von Zehen oder Gliedmaßen wird bei mehreren Echsenfamilien als höher entwickelt betrachtet, wie bereits diskutiert wurde. Da Schlangen von Echsen abstammen, kann gefolgert werden, dass das Fehlen der Gliedmaßen auch hier ein höher entwickelter Zustand ist.

Systematische Beziehungen der Schlangen

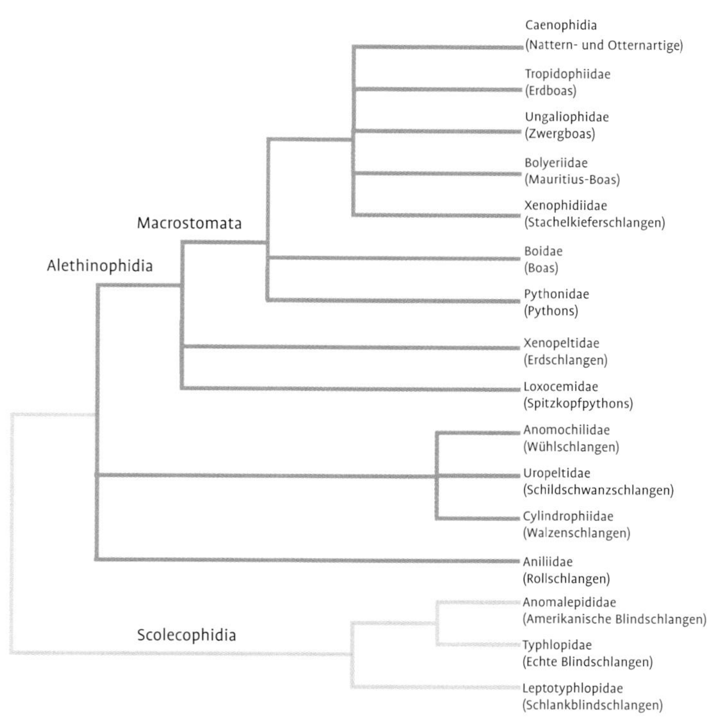

Dieses Buch behandelt zwei Schlangengruppen, die Scolecophidia und ihre Schwestergruppe, die Alethinophidia. Von letzterer stammen die höher entwickelten Caenophidia ab. Da die Verhältnisse der Familien innerhalb dieser beiden Unterordnungen verwirrend sind, will ich versuchen, sie hier vorzustellen, bevor ich mich in den folgenden Kapiteln ihren Vertretern detaillierter widme. Man sollte man sich dessen bewusst sein, dass höhere taxonomische Kategorien oft umstritten sind. Familien sind immer an der Endung „-idae“ zu erkennen, Unterfamilien an der Endung „-inae“.

Scolecophidia

Die Scolecophidia umfassen drei Familien, die als Blind- oder Wurmschlangen bezeichnet werden. Es sind vorwiegend kleine, schlanke, glattschuppige, einfarbige Schlangen. In Vorträgen sage ich manchmal, dass die durchschnittliche Blindschlange etwa so dick wie das Innere eines Kugelschreibers und so lang wie der gesamte Kugelschreiber ist. Den meisten Menschen erscheint sie auch genauso interessant wie das Innere eines Kugelschreibers. Für Herpetologen ist sie wesentlich reizvoller.

Das Problem ist allerdings, dass es keine typische Blindschlange gibt. Diese kleinen Schlangen sehen zwar bei flüchtiger Betrachtung alle gleich aus, sie weisen jedoch einige erstaunliche Variationen und sonderbare Merkmale auf, darunter Drüsen mit unbekannter Bedeutung unter der Haut und an der Kloake. Die Schuppen sind so klein, glänzend und dicht angeordnet, dass sie einzeln nur zu erkennen sind, wenn man sie bei hellem Licht und starker Vergrößerung untersucht. Obwohl sie primitiv aussehen, oft für Regenwürmer gehalten werden und verschiedene ursprüngliche Merkmale besitzen (Rudimente des Beckengürtels, einige Arten auch Aftersporne), sind die Schlangen sehr gut an ihre unterirdische Lebensweise angepasst.

Der Schädel ist robust gebaut und ermöglicht so das Graben in Erde oder Sand. Die wenigen Kopfschilde sind größer als die Körperschuppen. Der größte ist gewöhnlich der Rostralschild vorn am Maul, der sich meist bis oben auf den Kopf erstreckt und beim Graben hilft, vor allem wenn er in einer schaufelförmigen oder spitzen Schnauze endet. Sogar die Wirbelsäule ist an eine wühlende Lebensweise angepasst. Die zahlreichen Neuralfortsätze und Hypapophysen, die bei höher entwickelten Schlangen und anderen Wirbeltieren vorhanden sind, sind ent-

Artenvielfalt der Scolecophidia			
Familie	**Gattungen**	**Arten**	**Verbreitung**
Leptotyphlopidae Schlankblindschlangen	2	96	Neue Welt, Afrika, Asien
Typhlopidae Echte Blindschlangen	7	236	weltweit
Anomalepididae Amerikanische Blindschlangen	4	16	Südamerika
insgesamt	13	348	

weder in der Größe reduziert oder fehlen. Die Anzahl der Wirbel kann bei Blindschlangen jedoch beachtlich sein. Eine kleine Art besitzt über 600 einzelne Wirbel, mehr als die Große Anakonda und alle anderen Schlangenarten.

Der Schwanz ist kurz, ein häufiges Merkmal grabender Reptilien einschließlich der Doppelschleichen (Amphisbaenia), Schildschwanzschlangen (Uropeltidae) und Sandboas (Erycinae). Er endet in einem spitzen Dorn, der im Boden verankert werden kann, um die Fortbewegung durch lockeres Erdreich oder in Termitennestern zu unterstützen. Wenn man solch eine Schlange anfasst, erkundet dieser Dorn ständig die Hand, was den Eindruck erweckt, die Schlange würde zu stechen versuchen. In Wirklichkeit sucht sie Halt, um entkommen zu können.

Die Anpassungen an das Graben ermöglichen es Blindschlangen, so schnell in den Erdboden zu entkommen, dass man sie kaum fangen kann, es sei denn, es gelingt, sie auszugraben und auf eine feste Oberfläche zu legen, oder man findet sie beim Versuch, eine Straße mit hartem Belag zu überqueren. Obwohl sie die meiste Zeit unterirdisch verbringen, kann man Blindschlangen nach heftigem Regen nachts an der Erdoberfläche finden. Manchmal gelangen sie sogar in Häuser. Sie kommen in vielen Lebensräumen vor, von den Wüsten bis hin zu Regenwäldern, und manche sind zu Baumbewohnern geworden oder leben über dem Erdboden in den Trichtern und Luftwurzeln von Bromelien und anderen Aufsitzerpflanzen. Manche gelangen auch in die Kammern von melanesischen Ameisenpflanzen. In Amazonien konnte man sogar Exemplare beobachten, die Baumstämme senkrecht emporkletterten.

Da Blindschlangen vorwiegend unterirdisch leben, ist der Gesichtssinn für sie vermutlich unbedeutend, abgesehen davon, dass sie wahrnehmen können müssen, wann sie dem Tageslicht ausgesetzt sind. Die Augen sind entweder in der Größe reduziert, oft ein Feld pigmentierter Zellen, die unter den transparenten Kopfschuppen zu erkennen sind, oder fehlen völlig.

Der kleine Mund ist unterständig und der Unterkiefer vorn zu einer Einheit verwachsen wie bei vielen Wirbeltieren, anders als bei den höher entwickelten Schlangen. Die Anordnung der Zähne ist ein wichtiges Merkmal bei der Bestimmung der Familien. Meist sind Zähne nur entweder im Oberkiefer (Maxillare) oder im Unterkiefer (Dentale) vorhanden und bei allen drei Familien fehlen Zähne auf dem Pterygoid und Palatinum. Der kleinen Mundöffnung und der spärlichen Bezahnung wegen beschränkt sich die Beute auf kleine Wirbellose mit weichem Körper. Blindschlangen haben eine gut entwickelte gespaltene Zunge und sind bei der Partnersuche und um sich zu schützen auf die Wahrnehmung chemischer Stoffe angewiesen. Eine Blindschlange, die sich heftig in einem Ameisennest windet, tut das nicht, weil sie schmerzhaft gestochen wird, sondern umhüllt sich mit schützenden Stoffen, sodass sie von den Ameisen nicht als Eindringling erkannt wird. Die Struktur der Hemipenes der Männchen variiert auffällig, und alle bekannten Blindschlangen legen Eier. Eine Art ist jedoch parthenogenetisch. Die Population besteht nur aus Weibchen, die entwicklungsfähige Eier legen, ohne von Männchen begattet worden zu sein.

Mit fast 350 Arten in drei Familien, neuen Arten, die noch beschrieben werden müssen und neuen Gattungen, die regelmäßig definiert werden, stellen die Blindschlangen eine wichtige Gruppe dar, auch wenn sie von Reptilienfreunden häufig ignoriert werden. Über ihre Biologie, ihre Ökologie und ihr Verhalten gibt es noch viel zu lernen. Leider forscht nur eine Hand voll Herpetologen aktiv an diesen Schlangen.

Familie Leptotyphlopidae

Die Merkmale, die die Leptotyphlopidae charakterisieren, betreffen vor allem die Bezahnung. Sie sind die einzigen Schlangen, bei denen im Oberkiefer sämtliche Knochen unbezahnt sind. Nur das vergrößerte Dentale im vorderen Unterkiefer trägt Zähne. Der deutsche Name „Schlankblindschlangen“ ist zutreffend, denn diese Schlangen haben typischerweise einen sehr schlanken Körperbau und weniger Schuppenreihen als die Blindschlangen der anderen beiden Familien. Bei einigen Arten sind Reste von Beckengürteln und Afterspornen vorhanden. Zur Familie gehören knapp 100 Arten, die fast alle der Gattung *Leptotyphlops* zugeordnet werden. Die meisten sind sehr klein, und das größte bisher gemessene Exemplar war etwa 0,46 m lang. Eine zweite Gattung, *Rhinoleptus* aus Westafrika, ist monotypisch. Die bekannten Arten kommen fast zu gleichen Teilen in der Neuen Welt und im afrikanisch-asiatischen Raum vor.

Familie Typhlopidae

Der größten und wahrscheinlich vielfältigsten der drei Familien gehören fast 240 Arten in sechs oder sieben Gattungen an. Die Echten Blindschlangen sind weltweit in den Tropen und Subtropen verbreitet. Bei dieser Gruppe liegt der Schwerpunkt mit schätzungsweise 140 Arten auf Afrika und Asien, während in Nord- und Südamerika weniger als 40 Arten vorkommen. Anders als die Leptotyphlopidae haben die Typhlopidae Madagaskar, Südostasien und Neuguinea besiedelt und sich in Australien stark aufgespaltet, wo bisher 50 Arten beschrieben wurden, viele in jüngerer Zeit von einzelnen, abgelegenen Typuslokalitäten. Ohne Zweifel gibt es noch viele weitere unentdeckte Arten.

Viele Arten der Typhlopidae sind sehr klein und mit bloßem Auge nicht von denen der Leptotyphlopidae zu unterscheiden. Einige sind jedoch größer, sowohl was die Länge als auch was den Körperumfang betrifft, und besitzen eine höhere Anzahl von Schuppenreihen um den Körper. Eine afrikanische Art, *Rhinotyphlops schlegeli* (S. 96), kann fast 1 m lang und beinahe so dick wie der Daumen eines Menschen werden. Die am weitesten verbreitete Schlange der Erde ist die parthenogenetische Blumentopfschlange oder Brahmanen-Wurmschlange (*Ramphotyphlops braminus*, S. 66) am anderen Ende der Größenskala. Die Hauptmerkmale, die die Typhlopidae von den Leptotyphlopidae unterscheiden, abgesehen von der größeren Zahl von Schuppenreihen, sind das Vorhandensein von Zähnen auf dem beweglichen, nach vorn und unten weisenden Maxillare und die Reduktion der Größe des zahnlosen Dentale.

Familie Anomalepididae

Die Anomalepididae wurden früher als Unterfamilie der Familie Typhlopidae eingestuft. Heute gelten sie als eigene Familie. Es ist jedoch umstritten, ob sie den Typhlopidae näher stehen als den Leptotyphlopidae. Die nur sechzehn Arten in vier Gattungen sind auf das tropische Südamerika beschränkt und werden als Amerikanische Blindschlangen bezeichnet. Eine Kombination aus ursprünglichen Merkmalen deutet darauf hin, dass sie ursprünglichen Blindschlangen nahe stehen. Das wesentliche Merkmal, das sie von den Typhlopidae unterscheidet, ist das Vorhandensein von Zähnen in Ober- und Unterkiefer, auf dem beweglichen Maxillare und auf dem Dentale. Letzteres trägt beiderseits jedoch nur je ein bis drei Zähne.

Alethinophidia

Die Alethinophidia, die „Echten Schlangen“, sind die große Schwestergruppe der Scolecophidia. Ihnen gehören alle anderen heute lebenden Schlangenarten an, einschließlich der Caenophidia. In der Literatur findet man auch den Namen Henophidia, „alte Schlangen“ anstelle des Namens Alethinophidia. Dieser Gruppe gehören alle Schlangen außer denen der Gruppe Scolodophidia an, einschließlich der Warzenschlangen (Acrochordidae), die heute den Caenophidia zugeordnet werden.

Innerhalb der Alethinophidia gibt es zahlreiche getrennte Linien, die grob in zwei Gruppen unterteilt werden können. Die erste sind die ursprünglichen Alethinophidia, relativ kleine bis mittelgroße grabende Schlangen mit kurzem Schwanz, schillernden, glatten Schuppen, rudimentärem Beckengürtel, an das Graben angepasstem Schädel, kleinen Augen und einem kleinen Mund mit relativ unbeweglichem Unterkiefer, der nicht weit geöffnet werden kann.

Familie Anomochilidae

Diese Familie umfasst nur eine einzige Gattung mit zwei südostasiatischen Arten. Die im Deutschen als Wühlschlangen bezeichneten Arten weisen eine oberflächliche Ähnlichkeit mit den Scolecophidia auf. Möglicherweise gehören sie wirklich nicht den Alethinophidia an, aber obwohl sie eine Zwischenstellung zwischen den Scolecophidia und den Alethinophidia einzunehmen scheinen, wäre es falsch, sie als Bindeglied zwischen den beiden Gruppen zu betrachten, denn das würde bedeuten, dass die Alethinophidia von den Scolecophidia abstammen, während der Stand der Forschung nahe legt, dass beide Gruppen getrennte Linien bilden. Innerhalb der Alethinophidia sind die Wühlschlangen vielleicht am nächsten mit den Cylindrophidae verwandt. Sie unterscheiden sich von diesen jedoch in verschiedener Hinsicht. Keine der beiden Arten ist gut erforscht, denn bisher wurden jeweils nur wenige Exemplare gefunden.

Familie Cylindrophidae

Diese Familie und die Anomochilidae wurden früher den Uropeltidae zugeordnet. Heute werden beide als eigenständige Familien betrachtet. Die so genannten Walzenschlangen sind viel besser erforscht als die Wühlschlangen. Zehn Arten sind bekannt, neun aus Südostasien (Indonesien), eine davon mit extrem weiter Verbreitung, und eine Art aus Sri Lanka. Den Cylindrophidae gehört auch eine ausgestorbene Gattung an, *Eoanilius* aus dem oberen Eozän Frankreichs und Englands, was zeigt, dass diese Familie früher viel weiter verbreitet war.

Familie Uropeltidae

Da die südostasiatischen Wühl- und Walzenschlangen nun getrennte Familien bilden, sind die Uropeltidae geografisch auf das südliche Indien und Sri Lanka beschränkt. Den acht Gattungen, davon fünf in Indien und eine in Sri Lanka endemisch, gehören 48 Arten an, mehr als allen anderen ursprünglichen Familien der Alethinophidia. Diese Schlangen sehen merkwürdig aus, und viele haben einen kleinen, stark zugespitzten Kopf zum Graben und einen breiten, wie abgeschnitten wirkenden Schwanz, der in einem flachen, stacheligen Schild endet – deshalb der deutsche Name „Schildschwanzschlangen“.

Familie Aniliidae

Zur Familie der Rollschlangen gehört als einzige Art die Korallenrollschlange *Anilius scytale*, deren charakteristische schwarzrote Bänderung der der giftigen Korallenschlangen der Gattung *Micrurus* ähnelt. Anders als die drei asiatischen Familien ist sie in Amazonien verbreitet, und sie ist wie die Walzenschlangen lebend gebärend.

Zu den Macrostomata, den „Großmaulschlangen“ innerhalb der Alethinophidia, gehören alle höher entwickelten Schlangen, darunter die Boas und Pythons, verwandte kleinere Familien und die große Gruppe der Caenophidia. Das Mandibulare ist beweglich und verlängert und die Bauchschuppen sind zur besseren Fortbewegung auf der Erdoberfläche verbreitert. Die Gruppe der Macrostomata innerhalb der Alethinophidia bildet den Schwerpunkt dieses Buches.

Artenvielvalt der ursprünglichen Alethinophidia			
Familie	Gattungen	Arten	Verbreitung
Anomochilidae Wühlschlangen	1	2	Südostasien
Cylindrophiidae Walzenschlangen	1	10	Süd- und Südostasien
Uropeltidae Schildschwanzschlangen	8	48	Südindien und Sri Lanka
Aniliidae Rollschlangen	1	1	Amazonien
insgesamt	11	61	

Familie Xenopeltidae

Der einzigen Gattung *Xenopeltis* gehören zwei Arten asiatischer Regenbogen-Erdschlangen an, eine mit weiter Verbreitung in Südostasien und eine südchinesische Art. Der deutsche Name bezieht sich auf die glänzenden, glatten Schuppen, die wie ein Ölfilm auf der Wasseroberfläche schillern. Den mittelgroßen Schlangen mit abgeflachtem Kopf und stumpfer, gerundeter Schnauze begegnet man im Gegensatz zu einigen der seltenen ursprünglichen Alethinophidia relativ häufig.

Familie Loxocemidae

Die monotypische Familie wurde für die monotypische Gattung *Loxocemus* geschaffen, die vorher den Pythoninae zugeordnet worden war, als diese noch als Unterfamilie der Boidae betrachtet wurde. Der Spitzkopfpython ist der einzige amerikanische Python. Wie die Xenopeltidae hat er schillernde, glatte Schuppen, die Schnauze ist jedoch ist zu einer Spitze ausgezogen und aufgewölbt, nicht stumpf gerundet. *Loxocemus* ist beschränkt auf die pazifische Seite Südmexikos und Zentralamerikas.

Xenopeltis und *Loxocemus* sind höher entwickelt als die ursprünglichen Alethinophidiae. Die Kiefer sind beweglicher, sodass diese Schlangen größere Beutetiere verschlingen können. Die vergrößerten Kopf- und Bauchschilde sind ebenfalls Merkmale, die eher in Verbindung mit den höher entwickelten Schlangenfamilien als mit den grabenden ursprünglichen Alethinophidia stehen. Obwohl sie hier bei den Macrostomata aufgeführt sind, stellen manche Autoren diese Familien näher zu den ursprünglichen Alethinophidia als zu den Pythons und Boas.

Familie Boidae

Die Familie wird in zwei Unterfamilien unterteilt. Die Mitglieder der Boinae (Boas) sind in Mittel- und Südamerika, auf den Westindischen Inseln, auf Madagaskar und im südwestlichen Pazifikraum verbreitet. Mitglieder der zweiten Unterfamilie Erycinae, zu der die Sandboas und die Gummiboa gehören, haben eine verborgene, grabende Lebensweise. Diese Unterfamilie kommt im westlichen Nordamerika, Westafrika und in einem breiten Band von Nordafrika über Ostafrika, Südosteuropa und die Arabische Halbinsel bis nach Asien vor.

Der Familie Boidae gehören boden- und baumbewohnende, grabende und aquatische Arten an. Die Unterfamilie Boinae zählt über 30 Arten in sieben Gattungen, die unterschiedliche Lebensräume bewohnen, von Regenwäldern über Sümpfe bis hin zu trockenen tropischen Inseln. Viele der Arten sind mittelgroße bis große Schlangen, darunter die schwerste aller Schlangen, die Große Anakonda (*Eunectes murinus*). Zur Unterfamilie zählen jedoch auch einige kleine, zierliche Arten. Der kleineren Unterfamilie Erycinae mit 15 Arten in vier Gattungen gehören vor allem relativ kleine bis mittelgroße Schlangen heißer, trockener Lebensräume an, aber auch Arten tropischer Regenwälder und des gemäßigten Waldlandes sowie die Boa mit der nördlichsten Verbreitung. Die Arten beider Unterfamilien besitzen einen rudimentären Beckengürtel und frei liegende Aftersporne, obwohl letztere bei manchen Weibchen fehlen. Die linke Lunge ist gut entwickelt, während eine Tracheallunge fehlt. Beide Eileiter sind vorhanden. Viele Arten der Boinae besitzen Labialgruben zur Ortung warmblütiger Beutetiere. Bei einigen Arten und Gattungen sind sie jedoch verborgen oder reduziert, und bei den Erycinae fehlen sie vollständig. Alle Boinae und die meisten Erycinae sind lebend gebärend.

Familie Pythonidae

Die Familie der Pythons umfasst über 30 Arten in acht Gattungen, die im gesamten tropischen Afrika und Asien verbreitet sind. Die größte Vielfalt findet man in Australien, auf Neuguinea und auf den indonesischen Inseln im Westen Neuguineas. Wie den Boinae gehören auch den Pythonidae große Arten an, sogar riesige, darunter die längste Schlange der Erde, der Netzpython (*Python reticulatus*), sowie kleine Arten, vergleichbar mit einigen der kleineren, Inseln bewohnenden Boas. In vielen Aspekten ihrer Ökologie und ihres Verhaltens sind sich Boas und Pythons bemerkenswert ähnlich. Auch Pythons sind Lauerjäger, die wärmeempfindliche Labialgruben zur Lokalisation der Beutetiere besitzen, und viele Arten sind auf die Jagd von Säugetieren spezialisiert. Auch bei Pythons ist die linke Lunge gut entwickelt und eine Tracheallunge fehlt. Die paarigen Eileiter sind gut entwickelt, und sowohl Rudimente des Beckengürtels als auch Aftersporne sind vorhanden. Ein bedeutender Unterschied betrifft die Vermehrung, denn Pythons sind Eier legend. Die Pythons waren früher eine Unterfamilie der Boidae, was jedoch wohl eher auf der ähnlichen Erscheinung als auf systematischer Verwandtschaft beruhte.

Familie Bolyeriidae

Den Bolyeriide gehören zwei Arten sonderbarer Boas der Gattungen *Bolyeria* und *Casarea* an, die sich durch den Besitz eines geteilten und beweglichen Maxillaren im Oberkiefer von allen anderen landbewohnenden Wirbeltieren unterscheiden. Es sind keine Reste des Beckengürtels und keine Aftersporne vorhanden, und die linke Lunge ist großenteils reduziert, während die Tracheallunge fehlt. Beide Eileiter sind gut entwickelt. Die Mauritius-Boas werden als ursprüngliche Abzweigung von der Stammlinie der Boidae betrachtet, die isoliert von allen anderen Schlangen seit Jahrtausenden auf dem kleinen Round Island oder der Île Ronde vor Mauritius im Indischen Ozean lebt. Eine dieser einzigartigen Arten, *Bolyeria multocarinata*, ist heute wahrscheinlich bereits ausgestorben.

Familie Tropidophiidae

Die Erdboas der Westindischen Inseln und die südamerikanischen Erdboas, *Tropidophis* und *Trachyboa*, sind kleine Schlangen, die früher als Unterfamilie der Boidae eingestuft wurden. Heute glaubt man, dass sie sich früh in der Evolution der Macrostomata abgespalten haben. Man zählt heute 22 Arten in zwei Gattungen zur Familie, nachdem die mittelamerikanischen Zwergboas der Familie Ungaliophidae zugeordnet wurden. Die Tropidophiidae besitzen bis auf eine Art den ursprünglichen rudimentären Beckengürtel und die Männchen haben Aftersporne, aber sie weisen auch das höher entwickelte Merkmal einer gut entwickelten Tracheallunge auf. Die linke Lunge ist entweder reduziert ist oder fehlt, anders als bei den Boas und Pythons. Beide Eileiter sind gut entwickelt. Wärmesinnesgruben fehlen auf den Labialschilden.

Familie Ungaliophidae

Diese kleine Familie, der drei merkwürdige mittelamerikanische Zwergboas der Gattungen *Ungaliophis* und *Exiliboa* angehören, war früher eine Unterfamilie der Familie Tropidophiidae. Heute glaubt man jedoch, dass sie ihr nicht sehr nahe stehen und dass der Rang einer eigenständigen Familie gerechtfertigt ist. Diese kleinen Schlangen ähneln anatomisch den Erd-

Artenvielfalt der Macrostomata mit Ausnahme der Caenophidia			
Familie	**Gattungen**	**Arten**	**Verbreitung**
Xenopeltidae Regenbogen-Erdschlangen	1	2	Südostasien
Loxocemidae Spitzkopfpython	1	1	pazifisches Mittelamerika
Boidae (Boinae) Boas	7	32	Mittel- und Südamerika, Madagaskar und südwestlicher Pazifik
Boidae (Erycinae) Sandboas	4	15	westliches Nordamerika, Afrika, Asien und südöstliches Europa
Pythonidae Pythons	8	33	Afrika, Asien und Australasien
Bolyeriidae Mauritius- und Round-Island-Boas	2	2	Mauritius, Indischer Ozean
Tropidophiidae Westindische und südamerikanische Zwerg- oder Erdboas	2	22	Karibik und Südamerika
Ungaliophidae Mittelamerikanische Zwergboas	2	3	Mittelamerika
Xenophidiidae Stachelkieferschlangen	1	2	Malaysia
insgesamt	28	112	

boas der Westindischen Inseln, besitzen jedoch noch eine rudimentäre linke Lunge.

Familie Xenophidiidae

Diese am wenigsten erforschte Familie, die früher den Tropidophiidae als Unterfamilie zugeordnet wurde, besteht aus einer einzigen malaiischen Gattung, *Xenophidion*, mit zwei Arten, von denen nur wenige Individuen bekannt sind. Das wesentliche Merkmal, das diese seltenen Schlangen auszeichnet, ist das Vorhandensein eines großen Zahnes, gefolgt von einem Diastema, einer Lücke zwischen den Zähnen, vorn im Dentale des Unterkiefers. Davon leitet sich der deutsche Name „Stachelkieferschlangen" für diese Familie ab. Ein rudimentärer Beckengürtel und Aftersporne fehlen.

Oben: Ein Teppichpython (*Morelia spilota spilota*) befreit sich mit Hilfe seines Eizahnes, der vorn am Oberkiefer zu erkennen ist, aus dem Ei.

Unten: Jungtiere der lebend gebärenden Abgottschlange (*Boa constrictor constrictor*) durchbrechen ihre Eihäute.

Ovoviviparie

Die meisten Reptilien sind ovipar (Eier legend). Alle Schildkröten, Krokodile, Brückenechsen und die meisten Doppelschleichen, Eidechsen und Schlangen legen Eier, aber bei den Squamata besteht ein eindeutiger Trend dahin, die Jungen lebend zu gebären. Besonders offensichtlich ist das bei den Schlangen, von denen 20% der Arten Junge absetzen, die nur in Eihäute eingeschlossen sind. Ovoviviparie (Entwicklung der Eier im Mutterleib) hat sich innerhalb der Schlangen 35-mal unabhängig voneinander entwickelt, so bei den Familien der Walzenschlangen, Schildschwanzschlangen, Boas und Zwergboas.

Bei den höher entwickelten Schlangen sind die meisten Vipern, einige südliche Giftnattern, Seeschlangen und zahlreiche Colubriden lebend gebärend. Diese Art der Fortpflanzung scheint für Arten, die in höheren Breitengraden und in Höhenlagen vorkommen, am sinnvollsten zu sein, ist aber nicht auf diese beschränkt. Man vermutet, es handle sich um eine Antwort auf kaltes Klima, in dem die Entwicklung der Eier problematisch wäre. Eine lebend gebärende Schlange kann dagegen aktiv einen sonnigen Ort aufsuchen, um die sich entwickelnden Embryonen zu bebrüten, und dann kleine Ebenbilder ihrer selbst zur Welt zu bringen. Oviparie ist die ursprünglichere Art der Vermehrung. Das Weibchen legt sein Gelege an einem Ort ab, wo die Eier unbeständiger Witterung und Fressfeinden ausgeliefert sind, wie es bei den meisten Schlangen der Fall ist, oder bebrütet und bewacht die Eier, wie bei den Pythons. Sind die Jungen geschlüpft oder geboren, betreiben Schlangen kaum oder gar keine Brutpflege.

Photo by David G. Barker, VPI

Überwältigen der Beute

Alle Schlangen sind Fleischfresser, manche von ihnen sind jedoch Generalisten, andere auf bestimmte Beute spezialisiert. Schlangen erbeuten die verschiedensten Tiere, von winzigen Termiten bis hin zu 1,5 m langen Krokodilen und Säugetieren von der Größe eines Hirsches. Sie haben faszinierende Methoden entwickelt, um mit ihren Beutetieren fertig zu werden.

Blindschlangen tun nicht viel mehr, als ihre Beutetiere einzusaugen. Sie öffnen den Mund und verschlucken Termiteneier, Larven und adulte Insekten. Schildschwanzschlangen, die sich von Regenwürmern ernähren, verschlingen ihre harmlose Beute ebenfalls lebendig. Wühl- und Walzenschlangen ernähren sich von kleineren Schlangen wie Blindschlangen, die leicht zu überwältigen sind. Bei den Regenbogen-Erdschlangen und dem Spitzkopfpython gehören auch Amphibien und Reptilieneier zur Nahrung, ebenfalls eine leichte Beute. Bei höher entwickelten Schlangen sind die Beutetiere oft größer, schwieriger zu erbeuten und möglicherweise gefährlich.

Von kleinen Eidechsen geht keine große Gefahr aus, aber es gibt Schlangen, die sich von Waranen ernähren, die sich mit Sicherheit heftig verteidigen können. Vögel und Säugetiere wehren sich mit Schnäbeln, Zähnen und Krallen, und wenn man die Größe der Säugetiere bedenkt, die manche Boas und Pythons erbeuten, ist es offensichtlich, dass sie gefährlich sein können. Ein kleines Krokodil zu erbeuten und zu verschlingen erfordert besondere Fähigkeiten, vor allem für einen Räuber, der keine Gliedmaßen zur Verfügung hat, um einen so kräftigen Gegenspieler zu überwältigen.

Schlangen, die sich von möglicherweise gefährlichen Beutetieren ernähren, haben zwei Haupttechniken entwickelt, um ihre Beute zu überwältigen und zu töten. Die am höchsten entwickelte ist der Einsatz von Giften. Diese haben sich wahrscheinlich aus modifiziertem Speichel entwickelt, den beispielsweise ursprünglich ein Frosch durch die Haut aufnahm, sodass er sich weniger zur Wehr setzen konnte, während er lebendig verschluckt wurde. Die zweite Methode ist das Erwürgen, das ebenfalls einen evolutionären Prozess durchlaufen hat, wenn auch einen weniger dramatischen. Da Hände fehlen, erscheint es nahe liegend, dass eine Schlange ihre Körperwindungen einsetzt, um einen zappelnden Frosch oder eine kleine Eidechse

Ein Felsenpython (*Python sebae*) umschlingt ein Nilkrokodil (*Crocodylus niloticus*) mit seinem kräftigen Körper.

festzuhalten, während sie versucht, die Beute zu verschlingen. Diese einfache Technik entwickelt sich dann zur Fähigkeit, gefährliche Beutetiere vor dem Verschlingen zu erwürgen. Nicht nur Boas und Pythons erdrosseln ihre Beute – viele Echte Nattern verwenden diese Technik, einschließlich giftiger Arten mit hinten im Kiefer sitzenden Giftzähnen und eher langsam wirkenden Giften.

Ein Teppichpython (*Morelia spilota spilota*) tötet und verschlingt einen Pennantsittich (*Platycercus elegans*).

Es ist ein Mythos, dass ein Python seine Beute zermalmt, ihr alle Knochen bricht und den Körper in eine unförmige Masse verwandelt. Zwar kann es vorkommen, dass während des Erdrosselns einige Knochen brechen. Der Python setzt auch seine Körperwindungen ein, um die Beute ins Maul zu befördern und den Körper der Beute zu komprimieren, sodass seine Kiefer über ihn hinweg gleiten können, aber das Zermalmen des Körpers und das Brechen der Knochen sind nicht das Ziel.

Der Prozess läuft folgendermaßen ab: Ein lauernder Python schlägt zu, wobei er seine gespaltene Zunge, die wärmeempfindlichen Labialgruben und den Gesichtssinn einsetzt. Ist er erfolgreich, wird das Beutetier umgeworfen und steht möglicherweise unter Schock. Bekommen die gekrümmten Zähne die Beute fest zu fassen, windet der Python schnell einige Körperschlingen um das Beutetier. Je mehr es zappelt, desto fester zieht die Schlange zu.

Die Beute verliert bald das Bewusstsein, das Erdrosseln wird jedoch fortgesetzt, bis der Tod eintritt. Dies geschieht häufig durch Atemstillstand, wenn Brustkorb und Lungen zusammengedrückt werden, sodass das Atmen nicht mehr möglich ist, oder durch Kreislaufversagen, wenn das Kreislaufsystem komprimiert wird, bis kein Blut mehr zum Herzen gelangt.

Der Python kann wahrnehmen, wenn der Herzschlag des Beutetieres aufgehört hat. Er lockert daraufhin die Windungen und bewegt sich züngelnd an der Beute auf und ab, um festzustellen, wo sich der Kopf befindet. Wird die Beute mit dem Kopf voran verschlungen, können die Gliedmaßen sich nicht abspreizen. Das ist wichtig, denn während des Verschlingens kann sich die Schlange nicht verteidigen und ist selbst den Angriffe von Menschen oder kleinen Raubtieren schutzlos ausgeliefert.

Nach einer größeren Mahlzeit können Pythons und Boas ein Jahr lang fasten. Die Fähigkeit, von einer üppigen Mahlzeit zur nächsten zu überleben, mit all den notwendigen Veränderungen im Stoffwechsel, ist eine Anpassung an Lebensräume, wo über längere Zeit keine Beute zu machen ist. Die meisten anderen Tiere würden es nicht überleben, wenn sie nach langem Fasten eine üppige Mahlzeit verschlängen.

Riesenschlangen: Mythen oder Monster?

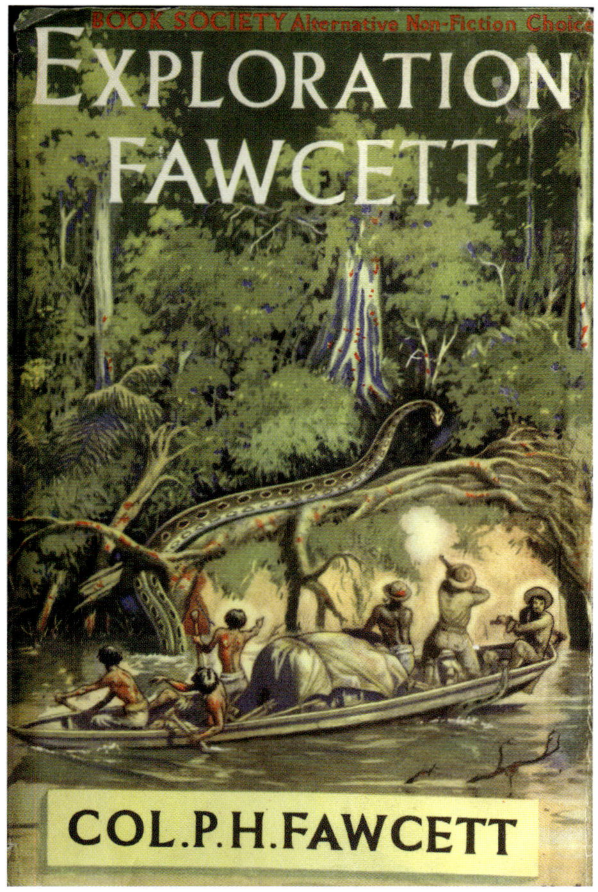

Oben: Percy Fawcett behauptete, mehrere riesige Anakondas erlegt zu haben. Sein Buch, Exploration Fawcett, wurde von einem Sohn vollendet, nachdem er und ein anderer Sohn 1925 am Amazonas verschollen waren.

Eine der Fragen, die am häufigsten an einen Herpetologen gerichtet werden, ist: „Gibt es riesige Schlangen, und wenn ja, wie groß werden sie?" Geschichten über Riesenschlangen haben schon immer die Erzählungen von Reisenden schaurig untermalt. Plinius der Ältere (23–79 n. Chr.) berichtete von einer riesigen „Boa", die in Italien Kinder verschlang. Wir wissen heute, dass es in Europa keine Riesenschlangen gibt, aber was ist mit den abgelegenen tropischen Urwäldern der Erde in Südamerika, Afrika und Südostasien? Sicherlich steckt in den vielen Geschichten über riesige Schlangen, die unter der Erde lauern, von Bäumen herabhängen oder in schlammigen Flüssen auf eine Menschenmahlzeit hoffen, ein Körnchen Wahrheit.

In der Vergangenheit war einer der wichtigsten Ausrüstungsgegenstände der Entdecker, Biologen und Naturkundler das Gewehr. Sogar Darwin, Wallace und Bates, die Pioniere der Naturkunde im 19. Jahrhundert, schossen auf fast alles, was ihnen begegnete. Uns, die wir aufgeklärt und am Naturschutz interessiert sind, mag das fragwürdig erscheinen, vor allem wenn bedrohte Arten betroffen sind. Damals waren die meisten Arten natürlich noch nicht gefährdet, obgleich zu dieser Zeit der Dodo und einige Riesenschildkröten-Arten ausgerottet wurden. Was die Riesenschlangen betrifft, war der Leitspruch, „zuerst schießen, danach Fragen stellen", wahrscheinlich auch in der Angst begründet, dass die Schlangen gefährlich werden könnten. Einige der erlegten Exemplare wurden dann vermessen, wie genau und verlässlich, sei dahingestellt. Bei anderen schätzte man die Länge, wobei man sicherlich eher auf- als abrundete, und dann wuchsen die erlegten Exemplare posthum bei jedem, der die Geschichte weitererzählte, ein Stück.

Bei großen präparierte Schlangenhäuten wird oft behauptet, dass der frühere Besitzer der Haut riesig gewesen sein müsse, denn die Haut sei während des Gerbens geschrumpft. Das Gegenteil ist der Fall – die Haut wurde beim Häuten der Schlange gedehnt. Vor einigen Jahren überprüfte ich das mit einem frisch verendeten Felsenpython (*Python natalensis*), der tot 3,0 m lang war. Ihn abzuhäuten dauerte lang, denn das Bindegewebe zwischen Haut und Fleisch war so stark, dass man es nur mit viel Kraft durchtrennen konnte. Als die Haut endlich abgezogen war, war sie 3,65 m lang, 20 % länger als die Schlange selbst. Dieser Wert stimmt mit dem überein, den Arthur Loveridge errechnete, als er 1931 einen afrikanischen Felsenpython (*P. sebae*) häutete, während der Herpetologe Bill Lamar von einem Längenzuwachs von 40 % bei einer 7,35 m langen Großen Anakonda (*Eunectes murinus*) berichtete. Die Haut maß danach 10,35 m. Man sollte der Länge von Schlangenhäuten also entweder von vornherein misstrauen oder 20 bis 40 % von der Länge abziehen.

Heute kennen wir nur fünf Schlangenarten, die länger als 6 m werden können. Von drei Arten ist belegt, dass sie maximal 7,5–8,5 m erreichen können:

- Asiatischer Tigerpython (*Python molurus*) bis 6,7 m; Süd- und Südostasien
- Afrikanischer Felsenpython (*Python sebae*) bis 7,6 m; Zentral- und Westafrika
- Australischer Buschpython (*Morelia kinghorni*) 7,6–8,5 m, Queensland, Australien

Verlässlichen Berichten zufolge waren die längsten asiatischen Tigerpythons etwa 6,7 m lang. Es ist jedoch unklar, ob sich die Längenangaben auf Schlangenhäute oder intakte Schlangen beziehen. Es sind lebende Tiere von 5,5 m Länge bekannt. Der längste afrikanische Felsenpython, von dem berichtet wurde, war ein 9,8 m langes Exemplar, das 1932 an der Elfenbeinküste erlegt wurde, aber dieser Bericht ist nicht bestätigt. Verlässliche Angaben gibt es zu einem Exemplar, das 1927 am Strand des Victoriasees erlegt und von dem Herpetologen Arthur Loveridge vermessen wurde. Die Haut war 9,1 m lang. Berücksichtigte man aber die 20-%-Dehnungs-Regel, käme man auf 7,6 m.

Die längsten Exemplare aus dem indoaustralischen Amethystpython-Komplex sind die des Australischen Buschpython (*Morelia kinghorni*) aus Queensland. Die Tiere sind schlanker als die vorher genannten Arten, und es gibt einen Bericht über einen Python, der 1948 in der Nähe von Cairns getötet worden war und 8,5 m maß, außerdem einige Berichte von ungefähr 7,6 m langen Exemplaren. Die beiden anderen Arten können wahrscheinlich länger werden:

- Große Anakonda (*Eunectes murinus*) 7,5–11,5 m; Südamerika
- Netzpython (*Python reticulatus*) 10,0–11,55 m; Südostasien

Eine Abbildung aus einem Magazin von 1834 zeigt einen Kampf mit einer „*Boa constrictor*" (zweifellos ein Netzpython, *Python reticulatus*) in den indischen Sunderbans.

Über die Rekordlänge des Netzpythons gibt es nicht so viele Kontroversen wie über die der Großen Anakonda. Der Python ist viel schlanker gebaut als die Anakonda und wirkt nicht so groß, dennoch ist er vermutlich die längste Schlangenart der Erde. Die Anakonda ist sicherlich die schwerste, und wenn „die größte Art" sich auf eine Kombination aus Länge, Körperumfang und Gewicht bezieht, ist die Große Anakonda auch die größte Schlange der Erde.

Ein Netzpython, der 1896 in Malaysia getötet wurde, maß vor dem Häuten 8,2 m. Es gibt zahlreiche Berichte über Exemplare von 7,6 und 9,1 m Länge, darunter glaub- und fragwürdige. Den akzeptierten Rekord hält ein Netzpython, der 1912 auf Sulawesi, Indonesien, geschossen wurde: Er maß 10 m. Einen interessanten Bericht gibt es über ein Exemplar, das erlegt wurde, nachdem es einen Menschen angegriffen haben soll. Es maß sieben malaiische Fathoms, also 11,55 m. Damit wäre es das längste Exemplar gewesen, von dem berichtet wird, aber leider ist der Bericht etwas fragwürdig.

Geschichten von riesigen Anakondas gibt es natürlich zahlreiche. Fast jeder Entdecker im 19. und frühen 20. Jahrhundert, der das Amazonasbecken bereiste, begegnete zumindest einer von ihnen. Wie enttäuschend ist es deshalb, dass das größte meiner 40 gefangenen Exemplare während meiner acht Expeditionen in das Land der Anakondas lediglich 5,3 m lang war und nur 73 kg wog.

Betrachtet man einige dieser Geschichten aus einem wissenschaftlichen Blickwinkel, kommt man womöglich zu anderen Ergebnissen als die Reisenden mit ihrer romantischen Weltsicht. Nehmen wir etwa die riesigen Schlingen einer Anakonda, die über die Wasseroberfläche ragen oder eine enorm breite Schlangenspur am Flussufer. Die Schlussfolgerung ist meist, dass ein Monster gigantischen Ausmaßes dafür verantwortlich sei. Die Wahrheit kann viel prosaischer sein: Womöglich hat eine durchschnittlich große Schlange eine üppige Mahlzeit verschlungen und eine Spur hinterlassen, die die breiteste Stelle ihres Körpers repräsentiert, den dicken Bauch. Oder die Verdauung ist an einem Punkt angelangt, wo sich im Magen Gase gebildet haben, sodass die entsprechenden Körperschlingen an der Wasseroberfläche treiben, während der Rest der durchschnittlich großen Schlange unter Wasser verborgen bleibt.

Oberst Percy Fawcett, der Amazonas-Entdecker, der 1925 im Mato Grosso verschwand, stellte einige erstaunliche Behauptungen auf, was die Länge der vielen Anakondas betrifft, denen er angeblich begegnet war und die er erlegt haben will. 30 ft (9,15 m) lange Schlangen schienen sehr häufig zu sein, und er berichtet sogar davon, eine erlegt zu haben, die er auf 45 ft (13,7 m) außerhalb des Wassers und 17 ft (5,2 m) im Wasser schätzte. Insgesamt wäre sie also 62 ft (18,9 m) lang gewesen. Jedoch wird berichtet, dass diese Schlange nur 12 Inches (30 cm) Durchmesser gehabt habe, was bedeutet, dass sie zwar lang, aber nicht riesig war. Viele andere Entdecker, Missionare, Soldaten und Ingenieure stellten Behauptungen auf, die denen von Fawcett ähnelten oder sie sogar übertrafen. Haben sie alle gelogen, sich geirrt oder einfach nur schlecht geschätzt? Faw-

CETT berichtet auch, dass Anakondas leuchtende Augen besäßen und mit ihrem übel riechenden Atem ihre Opfer betäubten. Nachts stießen sie während des Fressens unheimliche Schreie aus. Diese Behauptungen sind wohl der Grund, warum seine naturhistorischen Berichte heute nicht sehr ernst genommen werden. Aber es gibt so viele Berichte vom Amazonas, dass man nicht umhin kann zu glauben, dass es doch irgendetwas damit auf sich haben muss. Auch wurde vermutet, dass in abgelegenen Regionen des Amazonasbeckens neben der Großen Anakonda und ihren kleineren Verwandten eine riesige Anakonda-Art existieren könnte. Aber riesige Tiere sind nicht von Anfang an so groß. Wenn man annimmt, dass solch eine Art existiert, warum gibt es dann nicht zumindest entsprechend bestimmte kleinere Anakondas in den Naturkundemuseen der Welt?

Die Idee, dass eine unbekannte riesige Schlangenart existieren könnte, bringt uns der Lösung des Problems nicht näher. Ich mache einen anderen Vorschlag. Die meisten Anakonda-Populationen, die von Herpetologen erforscht werden, leben in Gebieten mit großen Schlangenpopulationen und sind leicht zu finden. Das bedeutet, dass die meisten Studien in den überfluteten Savannen der Llanos in Venezuela und den Sümpfen im brasilianischen Pantanal und der Ilha de Marajó durchgeführt wurden. Diese Gebiete bestehen aus riesigen, ausgedehnten und saisonal überfluteten Grasländern und Lagunen in der Nähe großer Flüsse. Es gibt Beute im Überfluss, vor allem Watvögel, Kaimane und Säugetiere bis zur Größe eines Wasserschweines. Hier kommen viele Anakondas vor, aber es gibt wenige Berichte darüber, dass sie hier länger als 3,7 m werden. Der Grund ist möglicherweise, dass die saisonal überfluteten Savannen in Teilen des Jahres sehr trocken sind. Zu diesen Zeiten müssen die Anakondas sich in die Flüsse zurückziehen oder im Schlamm von Lagunen und Wassergräben Sommerruhe halten. Während dieser Zeit können sie weder fressen noch wachsen.

Nun bedenken Sie, dass die meisten der Berichte über Riesenschlangen von den großen Regenwaldflüssen Amazoniens stammen. Hier kommen weniger, aber möglicherweise größere Beutetiere vor, weshalb diese Schlangen nicht so häufig fressen. Ist es möglich, dass diese das ganze Jahr über aktiven Anakondas der Regenwaldflüsse Hirsche, Tapire oder Jaguare erbeuten können? Ist es möglich, dass sie monatelang auf der Lauer liegen, bis sich eine Gelegenheit bietet, Beute zu machen und dann nach der Mahlzeit alle Nahrung in ihr Wachstum stecken? Diese riesigen Schlangen können nur so groß und schwer werden, weil sie im Wasser leben, das ihr Gewicht trägt, wohingegen die eher bodenbewohnenden Pythons einen schlankeren Körperbau haben müssen. Außerdem kann eine große Anakonda ihrer Beute leichter unbemerkt auflauern.

Einmal fuhr ich in Venezuela einen Fluss hinauf. Im seichten Wasser und auf schlammigen oder sandigen Flussbänken zählte ich 200 Kaimane mit bis zu 2 m Länge. Nach vier Tagen heftigen Regens fuhr ich dieselbe Strecke ab und zählte nur 20 Tiere. Noch immer befanden sich in diesem Flussabschnitt 200 Kaimane, aber sie schwammen nun in tieferem Wasser, denn die meisten ihrer Ruheplätze waren überflutet. Ein Kaiman kann sich leicht vor mir verbergen, wäre aber für einen großen, kräftigen Jäger, der von unten käme, eine leichte Beute. In diesem Fluss könnte eine Anakonda wahrscheinlich das ganze Jahr über Beute machen.

Die Großen Anakondas der saisonal überfluteten Savannen und des Regenwaldes gehören derselben Art an. Ich glaube jedoch, dass die Schlangen, die in Flüssen leben, das ganze Jahr über fressen und wachsen können und deshalb so groß werden, dass sie größere Tiere erbeuten können als die Schlangen der Savannen. Ein weiterer Vorteil, den eine in Flüssen lebende Anakonda gegenüber einer in der Savanne lebenden und den eher landbewohnenden Pythons hat, ist, dass sie sich wahrscheinlich zunehmend im Wasser aufhält, je größer und schwerer sie wird. Im dunklen, trüben Wasser wird sie von Menschen seltener entdeckt als die großen Schlangen an Land und deshalb auch seltener verfolgt. Trotz alledem beantwortet das nicht die Frage, wie groß diese Anakondas werden können.

Wenn man darüber nachdenkt, wie lang Schlangen maximal werden können, sollte man auch Fossilien zu Rate ziehen. Unter den ausgestorbenen Riesenschlangen gibt es keine Exemplare, die länger sind als heutige Pythons und Anakondas. *Madtsoia bai* mit 7–8 m Länge aus dem Paläozän bis Eozän Patagoniens und *Gigantophis garstini*, 9 m lang, aus dem späten Eozän Afrikas, gehörten zu der ausgestorbenen Unterfamilie Matsoidinae der Boidae. Viel später, im Pleistozän Südaustraliens, lebte eine weitere kleinere Riesenschlange, *Wonambi naracoortensis* mit 6,1 m Länge.

Im frühen 20. Jahrhundert bot der 26. Präsident der Vereinigten Staaten und erfahrene Amazonas-Entdecker THEODORE ROOSEVELT (1858–1919) 5000,– $ für den Fang einer riesigen Schlange, die lebend oder tot zur Zoologischen Gesellschaft von New York (heute Wildlife Conservation Society) gebracht würde. Im Laufe der Zeit stieg das Preisgeld auf 50 000 $, aber es wurde niemals eingefordert. Die Schlange zu finden ist eine Sache, sie nach New York zu transportieren eine andere, und in jedem Fall wäre es ethisch unverantwortlich, eine Schlange dieser Größe der Natur zu entnehmen. Ich glaube, die Wildlife Conservation Society hat den Preis mittlerweile zurückgezogen.

Wenn man feststellen möchte, wie lang eine bestimmte Schlangenart werden kann, ist meiner Meinung nach die Lebenserwartung der Art entscheidend. Alle Arten haben eine natürliche Lebenserwartung, die nur selten überschritten wird. Hier einige Angaben zum höchsten Lebensalter, das fünf in diesem Band behandelten Arten erreichten: Afrikanischer Felsenpython 27 Jahre und 4 Monate; Große Anakonda 28 Jahre. Die älteste Schlange, von der berichtet wird, ist ein Königspython (*P. regius*), der 47 Jahre und 6 Monate alt wurde, und eine Abgottschlange wurde nachweislich fast 39 Jahre alt. Es handelte sich um in Terrarien gehaltene Schlangen, die regelmäßig gefüttert wurden und keinen Gefahren ausgesetzt waren, wodurch ihre Lebensdauer wohl künstlich verlängert wurde.

Auch wenn eine Art regelmäßig Nahrung erhält und eine enorme Größe erreicht, kann sie ihre natürliche Lebensdauer trotzdem nicht verdoppeln. Dass eine maximale Länge von 18 oder sogar 61 m vorstellbar sei, wie dies manchmal gefolgert wird, ist deshalb zu bezweifeln.

Menschen fressende Schlangen

Sicher ist es eine unserer am tiefsten verwurzelten Ängste, von einem anderen Tier gefressen zu werden. Der Mensch, die intelligenteste Kreatur der Welt, verschlungen von einer Tierart, von der er glaubt, sie sei ihm unterlegen und über dessen Leben und Tod normalerweise er entscheidet. Ist der Räuber gar eine emotionslose, wechselwarme Kreatur, wie ein Hai, ein Krokodil oder eine Riesenschlange, ruft das die größten Ängste hervor.

Von diesen wechselwarmen Tieren mit ihrem fremdartigen Stoffwechsel verschlungen zu werden erscheint uns furchtbarer als einem warmblütigen Tier mit Fell zum Opfer zu fallen, das uns selbst ähnlicher ist. Es erscheint uns ungefähr so naheliegend, wie die Beute eines *Tyrannusaurus rex* oder gar eines intergalaktischen Aliens zu werden. Filmemacher wissen genau, dass etwas derartiges zu unseren tiefsten Ängsten gehört. Eine solche Szene garantiert, dass die Zuschauer den Film bis zum Ende anschauen. Deshalb entstehen immer wieder Filme mit Titeln wie „Der weiße Hai" oder „Anaconda".

Von einer Schlange verschlungen zu werden erscheint uns vielleicht am fürchterlichsten. Krokodile und Haie attackieren und töten ihre Beute schnell und verwandeln sie in unkenntliche Stücke aus Fleisch und Knochen. Man ist nicht mehr wirklich ein Mensch, wenn man gefressen wird. Riesenschlangen hingegen verschlingen ihre Beute im Ganzen, und dieser Prozess erscheint viel grausamer und langwieriger: das Ringen nach Atem, wenn sich die Schlingen zuziehen, die Kiefer, die den Kopf des Opfers umschließen und der allmähliche Prozess, bei dem ein intakter menschlicher Körper die Speiseröhre des Reptils bis zum Magen hinab gleitet, wo er noch tagelang als verräterische Beule zu erkennen ist.

Tatsache ist, dass die Körperwölbung, die ein verschlungener Mensch verursacht, der ähnelt, die ein Schwein, eine Ziege oder andere Tiere ähnlicher Größe hervorrufen. Es ist sehr wahrscheinlich, dass in letzter Zeit wesentlich mehr Menschen von computergenerierten Riesenschlangen verschluckt wurden als von echten, auch wenn regelmäßig blutrünstige Fotografien von Menschen fressenden Schlangen im Internet oder in der Presse auftauchen. Misstrauen Sie Fotos, die riesige Schlangen mit vollem, intaktem Magen zeigen. Ein Foto einer toten, aufgeschlitzten Schlange, aus der menschliche Gliedmaßen ragen, würde wesentlich mehr Aufsehen erregen als einfach das einer Schlange nach einer üppigen Mahlzeit. Weshalb sollte man sich also mit Letzterem zufriedengeben? Wahrscheinlich, weil man nach dem Aufschlitzen ein weit weniger spektakuläres Beutetier vorfinden würde als ausgerechnet einen Menschen.

Hier handelt es sich offenbar um einen wahren Fall, bei dem eine Schlange einen Menschen verschlingt. Oft ist die Schlange als südamerikanische Anakonda bezeichnet worden, doch es handelt sich eindeutig um einen Netzpython (*Python reticulatus*).

Die Bisse großer Pythons oder Boas gehören zu den unangenehmsten und den am heftigsten blutenden aller ungiftigen Schlangen. Die Muskulatur des Halses ermöglicht ein sehr kräftiges Zupacken, und die Reihen langer, gekrümmter Zähne dringen tief in Fleisch und Muskeln und verursachen starke Blutungen. Ein Biss in den Kopf kann beim Opfer einen Schock auslösen. Wenn die Riesenschlange die Beute umwickeln und die Arme festhalten kann, bringen das Gewicht der Schlange, der feste Griff und der Schock das Opfer höchstwahrscheinlich zu Fall. Die Schlange muss nicht notwendigerweise einen Verankerungspunkt für den Schwanz finden, um die Beute erdrosseln zu können. Zieht sie ihre Körperwindungen enger zu, reicht der Druck aus, um zu töten, und die Chance zu entkommen ist gering. Große Pythons und Anakondas können ohne Zweifel einen Menschen töten – ihn zu verschlingen ist jedoch schwieriger. Oft wird geglaubt, dass die Schultern eines erwachsenen Mannes so breit sind, dass eine Schlange ihre Kiefer nicht darüber hinweg bewegen kann, aber ein 5 m langer Python oder eine Anakonda können das erstaunlicherweise wahrscheinlich bewerkstelligen. Sicherlich würden Kinder oder kleine Erwachsene, die ähnlich groß sind wie Antilopen oder Pekaris, einer großen Schlange weniger Schwierigkeiten bereiten. In den seltenen Fällen, in denen es zu einem Angriff kommt, hat die Schlange ihr Beutetier jedoch höchstwahrscheinlich verwechselt und der Mensch sich einfach zur falschen Zeit am falschen Ort aufgehalten.

Anweisungen in einer Missionarszeitschrift für Afrika-Reisende

„Laufen Sie niemals weg, denn der Python ist schneller.[1] Legen Sie sich stattdessen flach auf den Boden, halten Sie den Kopf unten, legen Sie die Arme an und spreizen Sie die Beine nicht.[2] Der Python wird versuchen, seinen Kopf unter Sie zu schieben. Halten Sie sich ruhig, eine Bewegung, und er wird unter Sie gelangen, Sie umwinden und zermalmen.[3] Nach einiger Zeit wird er wahrscheinlich beschließen, sie zu verschlingen, ohne Sie vorher zu erdrücken.[4] Wahrscheinlich beginnt er mit einem Ihrer Beine.[5] Bleiben Sie ruhig. Sie müssen ihm erlauben, Ihren Fuß zu verschlucken. Das ist schmerzlos und dauert lange.[6] Wenn Sie den Kopf verlieren und zappeln, wird er Sie umschlingen. Harren Sie aus, bis er Ihr Bein bis zum Knie verschlungen hat.[7] Dann nehmen Sie vorsichtig Ihr Messer[8] heraus, stecken es in die gedehnte Seite des Maules und schlitzen die Schlange schnell auf.

Das ist ein fürchterlicher Ratschlag! Fast jeder Satz ist falsch:

1 Ein Mensch kann viel schneller weglaufen, als ein Python sich fortbewegen kann. Der Ratschlag, „Laufen Sie weg!", wäre bei Weitem hilfreicher als die gesamten Ausführungen.

2 Wenn Sie so auf dem Rücken liegen, kann die Schlange Sie leichter verschlingen. Besser wäre: „Spreizen Sie Arme und Beine ab!"

3 Pythons zermalmen nicht, sie erdrosseln, und ein großer Python würde sein Opfer ohne große Schwierigkeiten packen und umschlingen.

4 Wenn Sie sich nicht bewegen, glaubt die Schlange wahrscheinlich, Sie seien schon tot und beginnt, Sie zu verschlingen.

5 Schlangen verschlucken ihr Beutetier mit dem Kopf zuerst, sodass dessen Gliedmaßen sich am Körper anlegen. Sehr selten verschlingt eine Schlange zuerst die Beine. Der Python untersucht den Körper einige Zeit mit der Zunge, um herauszufinden, wo der Kopf ist. Hält das Opfer während dieser nervenaufreibenden Geduldsprobe still, ist es wahrscheinlich zu spät, wenn die Schlange beschließt, den Kopf zu verschlingen.

6 Es tut sehr wohl weh, und wie! Die in sechs Reihen stehenden Zähne sind lang und nach hinten gekrümmt. Bei einer Schlange, die groß genug ist, einen Menschen zu verschlingen, würden sie tief ins Fleisch eindringen und erhebliche Schmerzen und starkes Bluten verursachen.

7 Es würde einen eisernen Willen erfordern, bei anhaltenden Schmerzen so lange zu warten.

8 Das setzt voraus, das man ein Messer bei sich hat und es nicht in der Hosentasche steckt, die die Schlange bereits verschlungen hat.

Menschen fressende Boas – Südamerika

Die einzigen südamerikanischen Schlangen, die einen Menschen töten und verschlingen könnten, sind die Anakondas, und wahrscheinlich ist nur die Große Anakonda (*Eunectes murinus*) dazu in der Lage. Sicherlich wird die Abgottschlange (*Boa constrictor*) nicht groß genug, um eine ernsthafte Bedrohung darzustellen. Der einzige mir bekannte Todesfall, der dieser Art zugeschrieben wird, war der eines Entfesslungskünstlers in einem Nachtclub, der während seiner Darbietung in einem Sarg stranguliert wurde. Die Umstände dieses Unfalls weisen diese Art wohl kaum als einen Menschen-Killer aus!

Die Große Anakonda ist ein großer, kräftiger Jäger, der mittelgroße bis große Säugetiere erbeutet und zweifellos in der Lage ist, einen kleinen Menschen zu töten und wohl auch zu verschlingen. Würde dieser im seichten Wasser von einer 6 m langen und über 100 kg schweren Anakonda angegriffen, würde das Opfer entweder ertrinken oder durch Erdrosseln sterben. Da diese Art sich von Pekaris, Hirschen und Kaimanen ernährt, ist es wahrscheinlich, dass die Schlange ihre Kiefer so weit dehnen könnte, dass sie über die Schultern eines kleinen Menschen hinweg gleiten könnten. Doch trotz dieser Möglichkeit und den Fotos, die fälschlicherweise dieser Art zugeschrieben werden (siehe S. 26), sind Angriffe Großer Anakondas extrem selten. Es gibt zwei vertrauenswürdige Berichte aus erster Hand, dass Große Anakondas vom Wasser aus angegriffen haben. Die Berichte von 1978 und 1992 stammen aus Kolumbien und Venezuela. Die Schlangen warteten offensichtlich auf ihre Beutetiere und verwechselten die Menschen mit einem Wasserschwein oder Pekari. Fälle, in denen Menschen wirklich verschlungen wurden, sind viel seltener und beschränken sich auf Erzählungen aus dem 19. und frühen 20. Jahrhundert.

Man muss bedenken, dass eine Große Anakonda in seichtem Wasser völlig verschwinden kann. Ein großer Teil ihres Lebensraumes besteht aus trübem, schlammigem Wasser, wo man sie selten sehen kann, aber auch in klarem Wasser ist sie mit ihrer Körperzeichnung hervorragend getarnt. Wegen der geringen Bevölkerungsdichte im Verbreitungsgebiet der Anakonda ist es sehr unwahrscheinlich, dass das Verschwinden eines Fischers oder Badenden ohne Begleitung sofort bemerkt würde. Wir haben Verwandte von Menschen befragt, die ihrer Meinung nach von Anakondas getötet wurden, aber in den meisten Fällen halte ich ein Ertrinken für viel wahrscheinlicher. Wenn man den Körper nicht mit Spuren eines Kampfes mit einer Schlange findet, ist es fragwürdig, der Anakonda die Schuld zu geben.

Menschen fressende Pythons – Afrika

Anders als die im Wasser lebenden Anakondas sind die afrikanischen Pythons sowohl im Wasser als auch an Land zu Hause. Der erste Bericht über einen afrikanischen Felsenpython (*Python sebae*), der einen Menschen gefressen haben soll, stammt aus „A New and Accurate Description of the Coast of Guinea Divided into the Gold, the Slave and the Ivory Coasts" von W. Bosman, 1707 in London erschienen. Hier wird berichtet, dass ein Python getötet wurde, in dem sich der Körper eines Afrikaners befand. Aus den folgenden 300 Jahren gibt es verschiedene Geschichten, darunter die von einem 4,5 m langen Felsenpython auf einer Insel im Viktoriasee, in dessen Leib man in den späten 20er oder frühen 30er Jahren des 20. Jahrhunderts eine tote Frau fand, und der Fall eines 13-jährigen Jungen, der 1951 in Uganda von einem großen Python verschlungen worden war.

Zu den Fällen, die dem Südlichen Felsenpython (*P. natalensis*) zugeschrieben werden, gehört ein Bericht von 1979, wo ein

13-jähriger, 45 kg schwerer Ziegenhirte von einem 4,5 m langen Python getötet wurde. Ein anderer Bericht betrifft einen portugiesischen Wachposten, der 1973 in Angola verschwand, als das Land noch portugiesische Kolonie war. Später fand man ihn in einem großen Python. Seltsamerweise tauchte dieselbe Geschichte ein wenig später in Mosambik auf, ebenfalls unter portugiesischer Herrschaft, was zeigt, wie die Medien solche Geschichten ausschlachteten, bereits lange bevor die Nachrichten weltweit verbreitet wurden und das Internet existierte. Des Weiteren gibt es Fotos von einem weißen Arzt, der die Leiche eines Schwarzen untersucht, den man aus dem Magen eines großen Python geholt hat. Auch sie stammen angeblich aus Angola. Möglicherweise war der Mann an anderen Verletzungen gestorben und der Python hatte nur Aas gefressen, denn zu dieser Zeit gab es in der Region Bürgerkriege. Dann gibt es noch den Fall eines Minenarbeiters in Transvaal, der einen großen Python fangen wollte. Die Schlange kehrte den Spieß um. Obwohl er ihrer Umschlingung entkommen konnte, starb er am folgenden Tag an einem Milzriss und einem Nierenschaden.

Menschen fressende Pythons – Asien

Immer wieder werden im Internet oder in Zeitungen Fotos von unglücklichen Opfern veröffentlicht, die aus dem Maul oder dem aufgeschlitzten Leib einer großen Schlange herausragen. Unvermeidlich steht in der Unterschrift so etwas wie „Kolumbianischer Ölarbeiter wird von Riesen-Anakonda gefressen". Meist ist das Opfer kein Kolumbianer und die Schlange nicht einmal eine Anakonda, sondern ein südostasiatischer Netzpython (*P. reticulatus*), der als die längste Schlangenart der Erde gilt. Eine Fotografie, die ein männliches Opfer zeigt, das aus dem Körper eines toten Pythons ragt, könnte gefälscht sein. Ein anderes Foto, das wahrscheinlich ein weibliches Opfer zeigt, ist fast mit Sicherheit echt (siehe S. 26). Die Aufnahme zeigt den Python, während er die Person verschlingt, und die Tatsache, dass die Arme umschlungen sind, der Kopf des Opfers sich weit im Schlund der Schlange befindet sowie das Blut auf dem T-Shirt des Opfers deuten darauf hin, dass hier ein Python versucht (es aber nicht schafft), einen erwachsenen Menschen zu verschlingen.

Eine Fotografie, in der ein kleiner Netzpython tot vor einer Gruppe von japanischen Soldaten im zweiten Weltkrieg liegt, war mit verschiedensten Bildunterschriften im Umlauf: Einmal habe eine Anakonda in Amazonien einen japanischen Biologen verschlungen, ein anderes Mal ein Python in Südostasien einen japanischen Soldaten erbeutet, und schließlich soll die Schlange sogar sechs Menschenbabys vertilgt haben. Nichts von alledem ist wahr: Eine seltener veröffentlichte Fotografie derselben Schlange zeigt keinen Menschen, sondern den Körper eines kleinen Hirsches oder einer Antilope.

Neben den Berichten aus Südostasien gibt es auch einige Fälle von Haltern großer Netz- und Tigerpythons, die von ihren Haustieren getötet, aber nicht verschlungen wurden. Alle diese Berichte stammen aus den Vereinigten Staaten und belegen, dass große Schlangen auch im Terrarium tödlich sein können.

Leben im Untergrund

In meinem Buch über Giftschlangen habe ich neun Anpassungen von marinen Schlangen an das Leben im Meer zusammengefasst. Seeschlangen müssen verschiedene Schwierigkeiten bewältigen, die mit dem Schwimmen, dem Hinabtauchen in größere Tiefen, dem Gasaustausch, dem Salzgehalt des Wassers und dem Auftrieb zusammenhängen. Einige ihrer Anpassungen sind bemerkenswert. Im Sand oder Erdboden zu wühlen ist vielleicht nicht mit ähnlichen Gefahren verbunden. Dass jedoch eine Schlange so schnell unter der Erde verschwinden kann, dass es unmöglich ist, sie zu erwischen, auch wenn man mit beiden Händen wie wild gräbt, erfordert ebenfalls beachtliche Anpassungen. Viele der Arten ursprünglicher Schlangenfamilien und sogar einige der bekannteren Familien wie der Sandboas verbringen den Großteil ihres Lebens unter der Erdoberfläche.

Die meisten Schlangen leben im Verborgenen. Besonders wichtig ist das, wenn sie schlafen, Winter- oder Sommerruhe halten, vor der Häutung stehen und bevor sie Junge gebären oder Eier legen, wenn sie auf der Lauer liegen, eine große Mahlzeit verdauen, sich vor Fressfeinden verbergen oder vor Hitze oder Kälte schützen. Da sie sich zusammenrollen können und oft klein sind, passen Schlangen in überraschend kleine Hohlräume. Sogar entkommene als Haustiere gehaltene Schlangen finden oft ein Versteck, in dem man sie wochenlang nicht findet. Sie können sich deshalb vorstellen, wie leicht es für eine Schlange ist, in ihrer natürlichen Umgebung zu verschwinden, wo es Verstecke, Laubstreu, Baumlöcher, Baumstämme mit morschen Stellen, Säugetierbaue und verstreute Gesteinsbrocken mit Höhlen und Spalten gibt. Solche Verstecke werden von kleinen, Insekten fressenden Arten bis hin zu Pythons aufgesucht, die beachtlich große Beutetiere verdauen. In den meisten Fällen halten sie sich nur eine gewisse Zeit dort auf, um sich vor Hitze, Regen oder einer momentanen Gefahr zu schützen, eine Mahlzeit zu verdauen oder auf ihre Häutung zu warten, und es kommt die Zeit, wenn sie ihr Versteck verlassen, um zu jagen, einen Partner suchen oder weiterzuziehen. Die meisten Schlangen besitzen zu ihrem Schutz keine besonderen morphologischen oder physiologischen Anpassungen, außer möglicherweise einem Tarnmuster, das den Umriss des Körpers auflöst.

Neben den Schlangen, die Schutz suchen, gibt es jedoch auch die grabenden Schlangen, die fast ihr gesamtes Leben unter der Erdoberfläche verbringen, in verschiedensten Substraten, von feinem Sand bis hin zu schwerem Lehm. Sie kommen nur nachts an die Oberfläche, etwa wenn ihr Bau überflutet wird oder um einer Ameisenstraße zu folgen.

Die Arten der Scolecophidia sind grabende Schlangen, ebenso die kleineren, ursprünglicheren Alethinophidia, die sich von Wirbellosen oder unterirdisch lebenden Wirbeltieren ernähren. Die Schlangen begannen jedoch, neue Nischen zu besetzten, kamen an die Erdoberfläche und blieben dort, kletterten auf Bäume, schwammen in Flüssen und wurden größer. Sie jagten aktivere Wirbeltiere, die auf Bäumen, auf der Erdoberfläche oder im Wasser lebten und entwickelten einen kräftigen, muskulösen Körper, um zu erdrosseln, breitere Kiefer, um größere Beute verschlingen zu können, und hervorragende Sinne. So gaben sie die grabende Lebensweise auf. Aber auch zu den höher entwickelten Schlangen gehören grabende Formen. Es gibt Echte Nattern und Giftnattern innerhalb der Caenophidia, die die angenehmen Seiten eines Lebens unter der Erdoberfläche wiederentdeckt und Anpassungen an das Graben entwickelt haben, wie schaufelförmige Schnauzen oder unterständige Kiefer. Obwohl grabende Schlangen scheinbar primitiv aussehen, sind sie oft in hohem Maße an ihre Lebensweise angepasst.

Der offensichtlichste Entwicklungstrend bei einer grabenden Lebensweise ist bei Reptilien der Verlust der Gliedmaßen, ein Prozess, der mit der Verlängerung des Körpers zusammenhängt. Im Detail wurde das auf S. 10 diskutiert. Gliedmaßen sind für Arten, die unter der Erde leben, oft wenig sinnvoll, obwohl einige Doppelschleichen noch Vorderbeine besitzen, mit denen sie wie ein Maulwurf graben können. Auch die Körperform ist beim Wühlen von Bedeutung. Ein lang gestreckter, schlanker Körper kann sich leichter durch das Substrat bewegen als ein kurzer, gedrungener. Viele Sandboas der Gattung *Eryx* sind kurz und gedrungen, aber sie vergraben sich eher in lockerem Substrat, um zu lauern, statt sich ihren Weg durch die Erde oder in die Baue von anderen Tieren zu bahnen. Blindschlangen, die in Termiten- oder Ameisennester eindringen, um deren Larven zu fressen, müssen die Baue ihrer Beutetiere passieren können. Das erfordert einen sehr schlanken Körperbau.

Hoch entwickelte Schwänze sind für grabende Schlangen überflüssig. Der Schwanz muss nicht lang und beweglich sein wie bei kletternden Schlangen, nicht abgeflacht und paddelförmig wie bei schwimmenden Arten und auch keine Rassel tragen, um Fressfeinde zu warnen. Im Allgemeinen haben die grabenden Schlangen kurze, gerundete Schwänze. Manchmal ähneln sie sogar dem Kopf der Schlange, vielleicht, um die Aufmerksamkeit von Fressfeinden vom Kopf abzulenken. Viele der Schildschwanzschlangen (siehe S. 71) besitzen wie abgeschnitten wirkende, stachelige Schwänze, die Erde bewegen und den Gang verschließen können. Andere Gruppen besitzen einen Dorn an der Schwanzspitze, der zur Verankerung eingesetzt werden kann, sodass sich der Körper in glatten Termitenbauen vorwärts schieben kann. Die Schwanzbasis kann als Fettspeicher dienen, und in ihr befinden sich auch die Geschlechtsorgane, vor allem die Hemipenes der Männchens. Deshalb kann auf den Schwanz nicht völlig verzichtet werden. Der Schwanz des Männchens kann deutlich länger sein als der des Weibchens.

Die meisten grabenden Schlangen haben glatte Schuppen, um sich leichter durch das Substrat bewegen zu können. Sie sind oft klein und liegen eng am Körper. Weil sie sich selten an der Erdoberfläche fortbewegen müssen, haben viele ursprüngliche Schlangen keine breiten Bauchschilde entwickelt wie boden- und baumbewohnende Arten. Die Beschuppung des Kopfes besteht aus wenigen glatten, großen Schilden.

Der Kopf einer grabenden Schlange ist gewöhnlich nicht von Hals und Körper abgesetzt. Die Schlange hat fast auf ganzer

Die Schildschwanzschlange *Rhinophis homolepis* zeigt verschiedene Anpassungen an das unterirdische Leben, wie einen kleinen, spitzen Kopf, kleine Augen und einen kurzen, stumpfen Schwanz.

Länge denselben Durchmesser. Der Schädel ist oft sehr kräftig gebaut im Vergleich zu der flexiblen Knochenanordnung eher am Boden lebender Schlangen. Der Unterkiefer ist häufig kleiner oder unterständig und wird vom Oberkiefer überragt. Der vordere Teil des Oberkiefers ist bedeckt vom Rostralschild, bei einer grabenden Schlange oft der wichtigste und charakteristischste Schild am Kopf. Er kann schaufelförmig oder zugespitzt sein, sodass die Schlange ihren Kopf durch das Substrat vorwärts bahnen kann. Eine schaufelförmige Schnauze kann nützlicher sein, wenn die Schlange in lockerem Sand lebt. Eine zugespitzte Schnauze ermöglicht das Vorwärtskommen auch in weniger nachgiebigem Erdreich. Der Kopf wird beim Wühlen von einem kräftigen Hals und der Muskulatur des vorderen Körperabschnittes gestützt.

Schildschwanzschlangen (Uropeltidae) haben sehr spitze Köpfe, die verstärkt sind, da beim Graben das umgebende Substrat Druck ausübt. Die kräftigen Muskeln des Vorderkörpers bringen den vorderen Teil der Wirbelsäule in eine Ziehharmonika-Form, bevor der Kopf vorwärts in den Boden getrieben wird. Weil die Haut nur locker mit der Muskulatur verbunden ist, anders als beispielsweise bei Pythons, bewirkt diese Ziehharmonika-Form der Wirbelsäule, dass der Körper seitlich breiter wird und der unterirdische Gang sich weitet, bevor der Kopf vorwärts getrieben wird. Der vordere Teil des Körpers bewegt sich weiter vorwärts, während der hintere im ausgeweiteten Gang nachgezogen wird, und der mit Erde bedeckte Schwanzschild blockiert den Gang von hinten.

Die Sinne, auf die grabende Schlangen angewiesen sind, unterscheiden sich in mancher Hinsicht von denen der Schlangen, die sich an der Erdoberfläche aufhalten. Schlangen, die unterirdisch leben, nehmen vermutlich Vibrationen besser wahr als baumbewohnende Schlangen. Letztere haben gute Augen, obgleich sie keine Farben sehen, aber Bewegungen hervorragend wahrnehmen. Für unterirdisch lebende Schlangen, die nur nachts an die Oberfläche kommen, ist der Gesichtssinn hingegen wesentlich weniger wichtig. Viele ursprüngliche Schlangen haben kleine Augen. Die der Blindschlangen sind auf pigmentierte Felder unter großen, durchsichtigen Kopfschuppen reduziert. Die Schlange muss nur wahrnehmen können, ob sie für mögliche Fressfeinde sichtbar ist oder nicht. Ein einfaches Feld mit Fotorezeptoren, das mitteilt, „du bist dem Licht ausgesetzt, vergrabe dich schnell", ist vermutlich ausreichend. Sogar die ursprünglichsten Schlangen besitzen eine zweizipfelig gegabelte Zunge. Chemosensorische Wahrnehmung ist für Schlangen besonders wichtig. Mit ihrer Zunge verfolgen sie die Spur ihrer Beute und spüren Geschlechtspartner auf.

Die verschiedenen Familien der grabenden und teils grabenden Schlangen leben an den unterschiedlichsten Orten: Sandboas vergraben sich einfach im Sand. Blindschlangen oder Amerikanische Blindschlangen können in einem kurzen Augenblick unter der Erde verschwinden. Um das weiter auszuführen, ist an dieser Stelle leider kein Platz. Leser, die dieses Thema weiter interessiert, seien auf die vielen Veröffentlichungen von Carl Gans verwiesen oder den Abschnitt über grabende Schlangen in Pough et al. (2004) sowie die hier angeführte Literatur.

Schutz der Schlangen

Der Schutz von Arten muss immer mit dem Schutz ihrer Lebensräume einhergehen. Es reicht nicht aus, Tier- und Pflanzenarten per Gesetz davor zu schützen, dass sie international gehandelt werden, wenn gleichzeitig ihr natürlicher Lebensraum vernichtet wird. Auch reicht es nicht aus, Tiere im Rahmen von Artenschutzprogrammen nachzuzüchten, um sie später wieder in die freie Natur entlassen zu können, wenn in der Zwischenzeit ihr Lebensraum zerstört wird.

Viele der Arten in diesem Band werden in großer Zahl ihrer Häute, des Fleisches und ihrer Galle wegen gejagt, die in der chinesischen Medizin sehr begehrt ist. Pythons werden in Indonesien, Thailand, Malaysia, auf den Philippinen und in anderen Ländern Südostasiens in großer Zahl gefangen. Laut der IUCN (International Union of Nature Conservation) exportierte Indonesien allein 1989 fast 556000 Häute von Netzpythons und 71000 Häute von Buntpythons. In Afrika werden große Felsenpythons ihrer Häute und des Fleisches wegen in hoher Zahl gefangen und in Südamerika jagt man Abgottschlangen und Anakondas. Exemplare beider Arten habe ich auf Indiomärkten in Belém (Brasilien) und Iquitos (Peru) gesehen.

Es ist unwahrscheinlich, dass der Handel mit Schlangen für den Zoohandel ähnliche Ausmaße annehmen könnte wie der Handel mit Häuten und Fleisch, obwohl das Fangen von westafrikanischen Königspythons für die Terrarienhaltung Besorgnis erregend ist. Heute hat das Interesse an ungewöhnlichen, im Terrarium gezüchteten Farbvarianten einigen Druck von den Populationen wilder Königspythons genommen. Seltenheit erhöht immer den Wert einer Sache, und seltenere Boas und Pythons bilden hier keine Ausnahme. Einige der weniger bekannten Arten sind bei Sammlern sehr gefragt. Am stärksten bedroht sind höchstwahrscheinlich kleine Inselpopulationen, wie die der Boas der Mona- und Jungferninseln in der Karibik, der Timorpython in Indonesien oder der Bismarck-Ringpython auf den Inseln im Osten Papua-Neuguineas. Manche Festland-

Das „Schlangenspiel", bei dem ein Papua-Olivpython (*Apodora papuana*) mit einer Schlinge gefangen und auf die Straße gezerrt worden ist, damit er dort überfahren wird.

Der Autor und Tony Lynham von der Wildlife Conservation Society mit Häuten von einem Felsenpython (*Python molurus bivittatus*, links), und einem Netzpython (*P. reticulatus*, rechts) bei einer Razzia in einer illegalen Reptilienfleisch- und -lederfabrik in der Nähe von Bangkok, Thailand.

arten und die großer Inseln sind ebenfalls sehr gefragt: Die Madagaskar-Boas, der Angola-Python, der im Hochland lebende Boelen-Python aus Neuguinea oder seltene australische Arten wie der Rauschuppenpython und die Woma. Gewildert wird nicht nur der Häute wegen, es wird auch mit geschützten Arten gehandelt, die unter die Anhänge I und II des CITES-Übereinkommens (Convention on Trade in Endangered Species of Wild Flora und Fauna) fallen.

Traurigerweise ist der Handel mit Abertausenden gegerbter Pythonhäute meist legal, und jährlich werden Quoten festgelegt. Jemand, der ein Pärchen einer seltenen Pythonart lebend aus dem Land schmuggelt, verstößt gegen internationale Gesetze, nicht hingegen jemand, der jedes Jahr zehntausende von Pythons tötet und die Häute exportiert.

Bedrohte und gefährdete Pythons und Boas

Im Folgenden sind Boas und Pythons aufgeführt, die auf unterschiedliche Weise durch den Menschen bedroht sind. Es handelt sich jedoch keinesfalls um eine abgeschlossene Liste.

- Mauritius-Boa (*Bolyeria multocarinata*), vermutlich schon ausgestorben, da eingeführte Ziegen und Kaninchen die Vegetation so stark dezimiert haben, dass der Boden im Lebensraum durch Erosion abgetragen worden ist.
- Cropans Baumboa (*Corallus cropani*) kommt nur in einem kleinen Gebiet in den bedrohten Wäldern an der Atlantikküste Brasiliens vor.
- Netzpython (*Python reticulatus*). In Indonesien werden jedes Jahr bis zu eine halbe Million Tiere ihrer Häute, des Fleisches und der Galle wegen getötet.
- Buntpythons (*Python curtus, P. brongersmai, P. breitensteini*), aus dem gleichen Grund bedroht wie *P. reticulatus*.
- Die kleinen Inselpopulationen der Kaiserboa (*Boa constrictor imperator*), die durch Fänge für den Zoohandel bedroht sind.
- Jamaika-, Puerto-Rico- und andere Schlankboas der Westindischen Inseln (*Epicrates subflavus* und *E. inornatus*), bedroht durch rücksichtsloses Töten sowie durch Hauskatzen und eingeführte Mungos.

Was kann zum Schutz der Schlangen getan werden?

Aufklärung ist sehr wichtig. Die Menschen müssen begreifen, dass die meisten der Schlangen harmlos sind. Viele von ihnen sind nützlich, denn sie vertilgen Schädlinge, die Nutzpflanzen fressen oder Krankheiten übertragen. Der Schutz von Schlangen ist genauso wichtig wie der jeder anderen Tierart. Viele Menschen sind für den Schutz von Tigern oder Großen Pandas. Sie müssen aber erst davon überzeugt werden, dass es genauso wichtig ist, eine Schlange zu schützen, ganz gleich ob giftig oder nicht. Obwohl viele Religionen Schlangen verunglimpfen, gibt es keine Verbindung zwischen Schlangen und dunklen Mächten. Schlangen sind einfach ein Teil des ökologischen Gleichgewichts – und das gerät außer Kontrolle, wenn Teile fehlen.

Neue Welt

Nord-, Mittel- und Südamerika sind ökologisch sehr vielfältig. Nordamerika war einst Teil des Superkontinents Laurasia, zu dem auch Europa und Asien gehörten. Südamerika zählte dagegen zu Gondwana, dem südlichen Superkontinent, der sich in Südamerika, Afrika, Madagaskar, Indien, Australien und Antarktika teilte. Nord- und Südamerika näherten sich an, und man glaubt, dass Tierarten sich durch Verdriften oder von Insel zu Insel über den Ozean in beide Richtungen verbreiteten, als die Lücke sich weit genug geschlossen hatte. Nachdem sich der schmale Isthmus von Panama gebildet hatte, war die Ausbreitung zwischen den beiden Landmassen viel einfacher. Es gibt verschiedene Theorien, wie Arten die Karibischen Inseln erreichten. Sie reichen vom Verdriften über das Meer und die Ausbreitung von Insel zu Insel bis hin zur Annahme, dass die Großen Antillen einst Teil einer Landbrücke zwischen den beiden Landmassen waren, die später aufbrach und nach Osten driftete. Allerdings ist die letzte Theorie heute nicht mehr sehr angesehen.

Boas sind ein Phänomen des Gondwanalandes. In den tropischen Regionen Amerikas kommen 75 % der Boas (Boinae) und 90 % der Erdboas (Tropidophiidae) vor. Die riesigen Anakondas sind Kinogängern bestens vertraut, während der Name *Boa constrictor* unerklärlicherweise immer mit dem Begriff „Menschenfresser" in Verbindung gebracht wird. Obwohl alle Boas ihre Beute erdrosseln, sind nicht alle muskelbepackte Giganten. Viele ernähren sich von kleinen bis mittelgroßen Beutetieren, und in der Region kommt eine Reihe bunt gefärbter Schlankboas, kleiner Rauschuppenboas, reizbarer Hundskopfboas und gefährdeter Inselboas vor.

Nordamerika mit seinen Wüsten und Grasländern ist für Boas ein weniger geeigneter Lebensraum, aber auch dort gibt es Arten, allerdings in geringerer Vielfalt und Größe. Zwei kleine Arten kommen von Mexiko bis nach Kalifornien vor, eine davon ist sogar bis ins südwestliche Kanada hinein verbreitet. Boas gibt es in allen Ländern des amerikanischen Festlandes mit Ausnahme von Chile. Sie haben die Karibik im Sturm erobert, anders als die Giftschlangen im engeren Sinne, die nur wenige Inseln bewohnen. Kuba ist mit 15 Arten das Zentrum der Artenvielfalt der Boas der Westindischen Inseln.

In Mittelamerika kommt außerdem der Spitzkopfpython vor, was außergewöhnlich ist, denn echte Pythons gibt es in der Neuen Welt nicht.

Der Grüne Hundskopfschlinger (*Corallus caninus*) ähnelt oberflächlich betrachtet dem Grünen Baumpython (*Morelia viridis*) sehr.

Blindschlangen der Neuen Welt

Als ursprüngliche Schlangen werden die der Überfamilie Scolecophidia (Blind- oder Wurmschlangen) und die ursprünglichen Arten der Alethinophidia betrachtet. In der Neuen Welt ist die Artenvielfalt der Blindschlangen sehr hoch und die Familie Anomalepididae endemisch. Die ursprünglichen Arten der Alethinophidia sind hingegen kaum vertreten. Nur die monotypische Gattung *Anilius* kommt im tropischen Südamerika vor. Insgesamt sind vier Familien vertreten: Leptotyphlopidae, Typhlopidae, Anomalepididae und Aniliidae.

Schlankblindschlangen

Die Schlankblindschlangen (Familie Leptotyphlopidae) sind mit schätzungsweise 50 Arten der Gattung *Leptotyphlops* die in der Region am weitesten verbreiteten Arten der Scolecophidia, darunter die möglicherweise kleinste Schlange der Erde, *Leptotyphlops bilineatus* von den Kleinen Antillen, die maximal 11 cm lang wird. Von vielen Arten kennt man nur wenige Exemplare. Über 30 Arten sind in jeweils einem Land endemisch oder nur von ihren Typuslokalitäten her bekannt. Diese kleinen Schlangen kommen auf den Bahamas und auf Hispaniola vor, scheinen aber seltsamerweise auf Kuba zu fehlen, der größten und herpetologisch vielfältigsten der Westindischen Inseln.

Texas-Schlankblindschlange – *Leptotyphlops dulcis*

Diese amerikanische Schlankblindschlange mit der nördlichsten Verbreitung findet man oft in Gruppen, die häufig aus Weibchen mit Eiern bestehen, unter Steinen oder im Innern morscher Baumstämme. Da sie vorwiegend unterirdisch lebt, sieht man sie selten. Wahrscheinlich hält sie in kalten Wintern Winter- und während der Trockenperioden Sommerruhe. Sie ist einfarbig rosa bis grau oder braun und bewohnt verschiedenste Lebensräume vom Meeresspiegel bis in 2100 m Höhe. Man findet sie auch in Komposthaufen, doch das seltsamste bekannte Mikrohabitat sind die Nester der Kreischeulen. Schlangen, die von den Eulen als Beutetiere zum Nest gebracht werden, können oft entkommen und überleben hier, indem sie sich von kleinen Wirbellosen ernähren, die von Beuteresten oder den Eulenküken angelockt werden. Man vermutet, dass in Nestern, in denen Blindschlangen leben, die Überlebensrate der Jungeulen höher ist, da die Schlangen Ektoparasiten der Küken vertilgen.

Verbreitung: Kansas, USA, bis Hidalgo und Veracruz, Mexiko
Länge: 0,28 m
Lebensraum: trockenes Grasland, Randgebiete von Wüsten
Nahrung: Ameisen, Termiten, Käfer und Käferlarven, Fliegenlarven und Spinnentiere
Fortpflanzung: Eier legend, 1–8 Eier
Ähnliche Arten: *L. humilis*

Siebenstreifige Schlankblindschlange – *L. septemstriatus*

Die Art ist mit ihrer gelb-braunen Rückenfärbung und sieben dunkelbraunen Längsstreifen leicht von den glänzend schwarzen Blindschlangen Südamerikas zu unterscheiden. Sie ist relativ weit verbreitet, aber nicht häufig anzutreffen.

Verbreitung: Venezuela, nördliches Brasilien sowie die Guyana-Staaten
Länge: 0,20–0,30 m
Lebensraum: Regenwald und Palmenbestände
Nahrung: Termiten und Termiteneier
Fortpflanzung: Eier legend, Gelegegröße unbekannt

Echte Blindschlangen

Zu den Echten Blindschlangen (Familie Typhlopidae) gehören viele kleine, den Schlankblindschlangen ähnliche, aber auch einige größere und kräftigere Arten. Die Echten Blindschlangen sind im tropischen Südamerika häufig und weisen in der Karibik eine höhere Artenvielfalt als die Schlankblindschlangen auf. Obwohl sie auch in Zentralamerika vorkommen, sind sie nördlich nur bis in den Südosten Mexikos verbreitet, was vermuten lässt, dass sie weniger an Wüstenlebensräume angepasst sind als die kleineren Schlankblindschlangen. Schätzungsweise 25 der 40 amerikanischen Arten sind in nur einem Land endemisch, viele mit sehr beschränkter lokaler Verbreitung.

Netz-Blindschlange –
Typhlops reticulatus

Die Art ist zweifarbig, mit weißem Kopf, Schwanz und Bauch sowie schwarzbraunem Rücken. Der weiße Bauch ist scharf vom Rücken abgegrenzt. Diese Blindschlange ist kräftiger gebaut als die Schlankblindschlangen. Nach heftigem Regen kommt sie an die Oberfläche. Der weiße Schwanz lenkt vielleicht Fressfeinde vom Kopf ab. Die Art ist eine der am weitesten verbreiteten und am besten erforschten Blindschlangen Südamerikas.

Verbreitung: Südamerika, östlich der Anden
Länge: 0,2–0,5 m
Lebensraum: primärer und sekundärer Regenwald
Nahrung: Ameisen, Ameisenlarven, Termiten und Käfer
Fortpflanzung: Eier legend, bis zu 10 Eier
Ähnliche Arten: *T. brongersmianus*

„Die Art Typhlops reticulatus *war die bei Weitem größte Blindschlange, die ich 1987–1988 im Naturschutzreservat der Ilha de Maracá nachweisen konnte. Einige Exemplare fielen nachts in meine Fallen, entweder, weil sie der Regen an die Oberfläche getrieben hatte oder weil sie auf der Suche nach Ameisenstraßen waren.“*
Ilha de Maracá, Roraima, Brasilien

Regenwurm-Blindschlange – *Typhlops lumbricalis*

Jede Schuppe der graubraunen Regenwurm-Blindschlange trägt einen dunkleren Fleck, vor allem auf dem Rücken. Die Schnauze und der Bauch sind etwas heller gefärbt. Sie ist die am weitesten verbreitete und am besten erforschte Blindschlange Kubas, und man findet sie in verschiedenen Lebensraumtypen, besonders in Laterit-Gebieten. Diese Blindschlange kommt im Tiefland und im Gebirge vor und ist merkwürdigerweise bei der lokalen Bevölkerung sehr gefürchtet, weil man glaubt, sie sei giftig. Vielleicht ist dies darin begründet, dass sie ihren spitzen Dorn am Schwanz, den sie beim Graben einsetzt, in die Hand bohrt, wenn man sie anfasst. Dadurch entsteht der Eindruck, sie habe einen Stachel.

Auf Kuba gibt es überhaupt keine Giftschlangen im engeren Sinne, wohl aber Skorpione. Vielleicht glauben viele Dorfbewohner deshalb, gefährliche Schlangen würden stechen, nicht beißen.

S. 34 (links): Texas-Schlankblindschlange (*Leptotyphlops dulcis*) mit den für die Blindschlangen typischen reduzierten Augen, dem kleinen Mund und den glatten Schuppen.

S. 34 (rechts): Die Siebenstreifige Schlankblindschlange (*Leptotyphlops septemstriatus*) ist eine der wenigen nicht einfarbigen Blindschlangenarten.

Ganz oben: *Typhlops reticulatus* ist kräftig gebaut, mit weißem Schwanz und Kopf, der auf dieser Aufnahme in der Erde verborgen ist.

Oben: Die Regenwurm-Blindschlange (*Typhlops lumbricalis*), die kleinste und häufigste Blindschlangenart Kubas.

Verbreitung: Kuba, Isla de la Juventud und Bahamas
Länge: 0,18–0,25 m
Lebensraum: trockene Gebüsche, Wald- und Kulturland
Nahrung: Ameisen und Termiten
Fortpflanzung: Eier legend, Gelegegröße unbekannt
Ähnliche Arten: *T. biminiensis*

Amerikanische Blindschlangen

Die Amerikanischen Blindschlangen (Familie Anomalepididae) sind nahe mit den Echten Blindschlangen (Familie Typhlopidae) verwandt. Ihre vier Gattungen mit 16 bekannten Arten sind in Lateinamerika endemisch und kommen im südöstlichen Brasilien, am unteren Amazonas und in den Guyana-Staaten vor, auf Trinidad und in der Choco-Region vom nordwestlichen Venezuela bis nach Zentralamerika und an die Küsten Ecuadors. Anders als die Arten der Familie Typhlopidae besitzen manche Arten sowohl im Ober- als auch im Unterkiefer Zähne. Bei beiden folgenden Arten ist der Unterkiefer jedoch zahnlos.

Mexikanische Blindschlange – *Anomalepis mexicanus*

Trotz des Namens „*mexicanus*" sind nördlich von Nicaragua keine Exemplare der Art gesammelt worden. Der Kopf dieser glänzenden, braunen Schlange ist mit vergrößerten Schuppen bedeckt und die kleinen, rudimentären Augen sind unter einem Paar großer Kopfschuppen verborgen. Die Art soll die Laubstreu bewohnen und nicht graben, aber leider liegen nur unzureichende Informationen vor.

Verbreitung: Nicaragua bis Panama, Amazonasgebiet Perus
Länge: 0,18 m
Lebensraum: tropischer Regenwald
Nahrung: wahrscheinlich Ameisen und Termiten
Fortpflanzung: Eier legend, Gelegegröße unbekannt
Ähnliche Arten: drei weitere *Anomalepis*-Arten aus dem nordwestlichen Südamerika

Schuppige Blindschlange – *Typhlophis squamosus*

Im englischen Sprachraum heißt sie „Trinidad Early Blindsnake", doch ist ihr Vorkommen auf Trinidad fragwürdig. Sie ist braun mit hell rosafarbenem Kopf und könnte mit *T. reticulatus* verwechselt werden. Anders als bei anderen Amerikanischen Blindschlangen ist der Kopf bei *Typhlophis* mit zahlreichen kleinen Schuppen bedeckt.

Verbreitung: Guyana-Staaten und Pará, Brasilien, Trinidad?
Länge: 0,23 m
Lebensraum: tropischer Regenwald
Nahrung: Puppen und Eier von Ameisen
Fortpflanzung: Eier legend, 3–4 Eier
Ähnliche Arten: *Typhlops reticulatus*

Rollschlangen

Die nur eine einzige Art enthaltende südamerikanische Familie der Rollschlangen (Aniliidae) ist oberhalb der Entwicklungsstufe der Blindschlangen die ursprünglichste der amerikanischen Schlangen. Alle anderen ursprünglichen Familien der Alethinophidia sind in Südost- oder Südasien verbreitet. Das Vorkommen der Korallenrollschlange auf der anderen Seite des Pazifik wirft interessante Fragen auf.

Korallenrollschlange – *Anilius scytale*

Die südamerikanische Korallenrollschlange, *Anilius scytale*, ist in den Ländern des Amazonasbeckens ein vertrauter Anblick. Sie kann wegen ihrer rot-schwarzen Bänderung mit einer der hoch giftigen Korallenschlangen (*Micrurus*-Arten, Familie Elapidae) oder der nur leicht giftigen Falschen Korallenotter (*Erythrolamprus aesculapii*, Familie Colubridae) verwechselt werden. Der Bauch der Schlange ist weißlich gefärbt. Man kann darüber streiten, ob ihre Zeichnung die der giftigen Korallenschlangen nachahmen soll, da die Korallenrollschlange zweifellos evolutionsgeschichtlich älter als die Korallenschlangen ist. Es erscheint wahrscheinlicher, dass das plötzliche Aufblitzen der bunten Farbe Fressfeinde erschreckt, wenn diese Schlange ausgegraben wird, und ihr so einen Augenblick Zeit verschafft, um fliehen zu können. Wenn ein Herpetologe versucht, ein Exemplar zu fangen, funktioniert der Trick jedenfalls!

Die Korallenrollschlange zeigt mehrere typische Anpassungen an eine grabende Lebensweise. Sie hat einen kurzen Schwanz und glatte Körperschuppen, und die Schuppen des Bauchs sind nicht viel größer als die des Rückens. Der Kopf ist gerundet und besitzt winzige Augen. Wie bei vielen anderen ursprünglichen Schlangen sind noch ein rudimentärer Beckengürtel und ein Paar kleine Aftersporne als Reste der Hinterbeine vorhanden. Obwohl sie hervorragend graben kann, sucht die Korallenrollschlange an der Erdoberfläche nach Nahrung. Sie ist auf lang gestreckte Beutetiere wie andere Schlangen und Doppelschleichen spezialisiert. Anders als die Blindschlangen bringt die Korallenrollschlange lebende Junge zur Welt.

Verbreitung: Guyana-Staaten und Amazonas-Länder
Länge: 0,6–0,9 m
Lebensraum: tropischer Regenwald und Kulturland
Nahrung: kleine Schlangen und Doppelschleichen
Fortpflanzung: lebend gebärend, 7–15 Junge
Ähnliche Arten: Korallenschlangen (*Micrurus*-Arten), Falsche Korallenotter (*Erythrolamprus aesculapii*)

Spitzkopfpythons

Zur Familie der Spitzkopfpythons (Loxocemidae) gehört nur eine einzige Art, die in Mittelamerika vorkommt und häufig einfach als Python bezeichnet wird. Eine unmittelbare Verwandtschaft mit den in Asien vorkommenden Pythons ist allerdings recht unwahrscheinlich. Heute glaubt man, dass die nächsten Verwandten des Spitzkopfpythons die asiatischen Regenbogenschlangen sind.

Spitzkopfpython – *Loxocemus bicolor*

Obwohl der Spitzkopfpython kein echter Python ist, ist er sicherlich höher entwickelt als die Rollschlangen und andere ursprüngliche Arten der Alethinophidia. Man vermutet, dass er am nächsten mit der Regenbogen-Erdschlange (*Xenopeltis unicolor*) aus Südostasien verwandt sei. Beide Arten besitzen stark schillernde Schuppen, erreichen eine ähnliche maximale Länge, bewohnen Regenwälder, jagen nachts und ihr aus kleinen Wirbeltieren bestehendes Beutespektrum ist recht vielfältig. Der Spitzkopfpython ist eine zweifarbige Schlange, oberseits dunkelgrau und unterseits fleckenlos weiß. Er ist keine echte grabende Schlange, obwohl er verborgen lebt und man ihn nur selten zu Gesicht bekommt. Er bewohnt trockene tropische Wälder und Dorngebüsche, wo er kleine Säugetiere und Reptilien wie Schienenechsen erbeutet. Man hat auch schon Exemplare beobachtet, die die Nester von Meeresschildkröten, Grünen Leguanen und Schwarzleguanen plünderten und sowohl Eier als auch Jungtiere verschlangen. Im Fall der jungen Leguane fraß die Schlange drei Jungtiere auf einmal. Der Spitzkopfpython besitzt einen rudimentären Beckengürtel und Aftersporne. Es sind zwei weitere Arten beschrieben worden, die heute nicht mehr gültig sind. Die Exemplare im ganzen Verbreitungsgebiet werden der Art *Loxocemus bicolor* zugeordnet.

Verbreitung: Mexiko bis Costa Rica
Länge: 1,0–1,6 m
Lebensraum: trockene tropische Wälder und Gebüsche
Nahrung: kleine Säugetiere, Reptilien und Eier
Fortpflanzung: Eier legend, 4 Eier
Ähnliche Arten: asiatische Regenbogenschlangen (*Xenopeltis*-Arten)

S. 36: *Typhlophis squamosus*, im Englischen „Trinidad Early Blindsnake“, kommt möglicherweise gar nicht auf Trinidad vor.

Ganz oben: Die Korallenrollschlange (*Anilius scytale*) sieht den Korallenschlangen der Gattung *Micrurus* ausgesprochen ähnlich.

Oben: Der Spitzkopfpython (*Loxocemus bicolor*) ist am nächsten mit den Regenbogen-Erdschlangen (*Xenopeltis*) verwandt.

Amerikanische Boas

Als Boas werden in Nord-, Mittel- und Südamerika Mitglieder der Familien Boidae, Tropidophiidae und Ungaliophiidae bezeichnet. Etwa 75 % aller Boas kommen hier vor, darunter riesige Arten wie die Anakondas und kleine wie die Rauschuppen- und Zwergboas. Einige Erdboas der Gattung *Tropidophis* kann man leicht mit höher entwickelten Arten der Familie Colubridae verwechseln. Hier kommen keine echten Pythons vor.

Hundskopfboas

Vor zehn Jahren gehörten der neotropischen Gattung *Corallus* nur drei Arten an. Heute sind acht Arten anerkannt, die von Guatemala bis in den Südosten Brasiliens vorkommen. Häufige Merkmale der Gruppe sind unter anderem ein muskulöser Körper, ein langer Greifschwanz, ein gewölbter Kopf mit langer Schnauze, große Augen mit senkrecht elliptischen Pupillen, vergrößerte und deutlich sichtbare Wärmesinnesgruben und lange, gekrümmte Zähne, vor allem vorn im Kiefer.

Die Hundskopfboas weisen wohl größere Variationen in der Färbung und Zeichnung als alle anderen Boa-Gattungen auf. Sogar Tiere aus derselben Region oder Geschwister können stark variieren. Hundskopfboas sind vorwiegend baumbewohnend und leben in Regenwäldern oder Flusslebensräumen. Einige Arten bewohnen jedoch auch trockene Wälder oder die brasilianische Savanne, die als Cerrado bezeichnet wird.

Man könnte vermuten, dass sich die baumbewohnenden Schlangen von Vögeln ernähren, aber obwohl sie auch Vögel fangen, jagen die meisten nachts kleine Säugetiere und auch Fledermäuse, die sie im Flug erbeuten. Mit ihren vergrößerten Wärmesinnesgruben sowohl in den Supra- als auch den Infralabialschilden können sie Säugetiere in völliger Dunkelheit aufspüren und erbeuten. Die großen Augen mit empfindlicher Netzhaut und senkrecht elliptischen Pupillen tragen ebenfalls zu ihrem Jagderfolg bei. Die Augen einiger, aber nicht aller *Corallus*-Arten besitzen ein Merkmal, das bisher bei keinen anderen Schlangen beobachtet wurde: Sie reflektieren das Licht.

Als ursprünglichste neotropische Hundskopfboa gilt Cropans Baumboa (*Corallus cropani*). Von dieser früher als *Xenoboa cropani* bekannten seltenen Schlange wurden im frühen 20. Jahrhundert drei Exemplare nahe Miracatu in den Bergwäldern der Atlantikküste des Bundesstaats São Paulo, Brasilien, gefangen.

S. 38 oben: Cropans Baumboa (*Corallus cropani*) ist nur von den Atlantik-Küstenwäldern Brasiliens her bekannt. Dies ist ein präpariertes Tier.

S. 38 unten: Der Grüne Hundskopfschlinger (*Corallus caninus*) ist lebhaft grün gefärbt mit weißer Rückenzeichnung.

Links: Junge Grüne Hundskopfschlinger können orange, rot oder grün gefärbt sein und bekommen erst später ihre Erwachsenenfärbung.

Unten: Die Ringelboa (*Corallus annulatus*) trägt ihren Namen aufgrund ihrer Körperzeichnung.

Ihr bekanntes Verbreitungsgebiet ist somit das kleinste aller Boas. Seitdem fand man gelegentlich überfahrene Exemplare. Diese Hundskopfboa ist relativ kräftig gebaut und lebt wahrscheinlich mehr am Boden als typische *Corallus*-Arten. Alle Arten sind lebend gebärend.

Grüner Hundskopfschlinger – *Corallus caninus*

Der Grüne Hundskopfschlinger ist kräftiger gebaut als die meisten anderen *Corallus*-Arten und man vermutet, dass er der nächste Verwandte von *Corallus cropani* ist. Die baumbewohnende Art ist meistens leuchtend grün gefärbt.

Im Terrarium gehaltene Tiere werden recht häufig mit dem Grünen Baumpython (*Morelia viridis*, S. 136) aus Neuguinea und Queensland verwechselt. Die Gestalt und die Erwachsenenfärbung sind nicht die einzigen Gemeinsamkeiten dieser baumlebenden Arten. Beide nehmen dieselbe Ruhehaltung ein, bei der der Körper beiderseits in Schlingen über den Ast gelegt wird, sodass sich der Kopf in der Mitte befindet. Beide Arten durchlaufen außerdem einen Farbwechsel: Die Jungtiere sind orange, rot oder grün gefärbt und bekommen das grüne Erwachsenenkleid, wenn sie etwa ein Drittel bis die Hälfte ihrer vollen Größe erreicht haben. Häufig sind die Jungtiere eines Wurfes unterschiedlich gefärbt, von rot bis grün. Grüne Hundskopfschlinger können von Grünen Baumpythons an ihren Wärmesinnesgruben unterschieden werden: Beim Hundskopfschlinger erstrecken sie sich von der Schnauze bis deutlich hinter das Auge. Der Kopf erscheint spitzer als der des Pythons, bei dem die Gruben hinten weniger deutlich zu erkennen sind.

Beim Grünen Hundskopfschlinger sind die Wärmesinnesgruben deutlicher ausgebildet als bei allen anderen *Corallus*-Arten, und er gilt als stärker baumbewohnend als seine Verwandten. Die vergrößerten Zähne vorn ermöglichen ein kräftiges Zupacken. Einige geografische Formen sind anerkannt, vor allem aufgrund von Variationen in der Größe und Färbung. Es ist jedoch noch nicht bekannt, ob es sich um getrennte Populationen handelt. Diese Farbvariationen sind nicht mit den Farbmorphen zu verwechseln, die gezielt gezüchtet werden. Jüngere Forschungen legen nahe, dass es sich bei der Population am peruanischen Amazonas um eine getrennte Art handeln könnte.

Verbreitung: Guyana-Staaten, Amazonien

Länge: 1,4–1,8 m, Berichte über längere Exemplare

Lebensraum: tropische Regenwälder im Tiefland mit hoher Luftfeuchtigkeit

Nahrung: baumbewohnende Säugetiere, Fledermäuse, Vögel, gelegentlich Echsen

Fortpflanzung: lebend gebärend, 5–12 Jungtiere

Ähnliche Arten: Grüner Baumpython (*Morelia viridis*) aus Neuguinea und Queensland, Australien, eventuell die hoch giftige Grüne Jararaca (*Bothriopsis bilineata*)

Ringelboa – *Corallus annulatus*

Die mittelamerikanische Art der Gattung, die Ringelboa, ist eine der am wenigsten bekannten neotropischen Boas. Berichten zufolge lebt sie verborgen und verstreckt sich tagsüber unter Baumrinde oder in der Laubstreu. In Costa Rica suchte ich ein-

mal einen hohlen Baum auf, in dem ein Pärchen leben sollte, aber trotz intensiver Suche konnte ich es nicht entdecken.

Das Verbreitungsgebiet dieser Art scheint aus mehreren getrennten Gebieten von Guatemala bis Kolumbien zu bestehen. Früher unterteilte man sie in drei Unterarten. Die kolumbianische Unterart wurde mit der Nominatform synonymisiert, während die bolivianische Population als *C. blombergi* in den Rang einer Art erhoben wurde. Ringelboas variieren von Hellbraun über das typische Rotbraun zu dunklem Schokoladenbraun mit unregelmäßigen dunklen Ringen, von denen sich der deutsche und der wissenschaftliche Name ableiten. Manche Populationen durchlaufen einen Farbwechsel von Rotbraun zu gedeckteren Brauntönen, der jedoch nicht so auffällig wie beim Grünen Hundskopfschlinger ist. Obwohl die Art Bäume bewohnt, soll sie auch am Boden lebende Säugetiere jagen.

Verbreitung: Karibikküste Mittelamerikas bis Kolumbien und Venezuela

Länge: 1,2–1,7 m

Lebensraum: tropischer Trockenwald im Flachland, Regenwald und Küstenwald

Nahrung: kleine Säugetiere

Fortpflanzung: lebend gebärend, 5–16 Junge

Ähnliche Arten: *C. blombergi* aus Ecuador

Gartenboa – *Corallus hortulanus*

Was diese Art betrifft, herrscht Verwirrung. Ursprünglich war sie als *Corallus enydris* mit zwei Unterarten bekannt, *C. e. cookii* aus dem nördlichen Südamerika und *C. e. enydris* (siehe *Corallus ruschenbergerii*, was die Population im nördlichen Südamerika betrifft). Die heute als *C. hortulanus* bezeichnete Art ist das am weitesten verbreitete Mitglied ihrer Gattung. Sie kommt im gesamten Amazonasgebiet, in Guyana, Surinam und Französisch-Guayana und im Cerrado (Baum-Savanne) im nordöstlichen Brasilien bis zum Küstenwald an der Atlantikküste vor. In einigen Regionen begegnet man ihr sogar in der Caatinga (Gras-Savanne). Sie ist eine der kleineren Arten der Gattung mit langem, schlankem, seitlich zusammengedrücktem Körper und Greifschwanz und einem breiten, lang gestreckten, abgesetzten Kopf. In Färbung und Zeichnung ist diese Art extrem variabel. Innerhalb einer einzigen Population in einem relativ kleinen Gebiet kann man unterschiedliche Farbvariationen finden.

Diese Hundskopfboa ist eine der wenigen Schlangen, die man am Leuchten ihrer Augen erkennen kann. Strahlt man sie aus einiger Entfernung mit einer Taschenlampe an, sodass das Licht nicht direkt die Schlange oder ihre Umgebung beleuchtet, wird es vom Tapetum lucidum, einer Schicht hinter den Zapfen und Stäbchen der Netzhaut, reflektiert. Dieses Phänomen ist von Krokodilen, Fröschen, einigen Säugetieren und nachtaktiven Vögeln bekannt. Bei Schlangen wurde es erst in jüngerer Zeit entdeckt. In Guyana und Trinidad konnte ich mir diesen Effekt zunutze machen. In den 1980er Jahren hätte er mir die Arbeit im nördlichen Amazonasgebiet sehr erleichtert, wenn er damals schon bekannt gewesen wäre.

Verbreitung: Guyana-Staaten, Amazonien und Atlantikwälder Brasiliens

Länge: 1,0–1,5 m

Lebensraum: Flachlandregenwälder, trockene Wälder und Flusswälder

Nahrung: baumbewohnende Säugetiere, Fledermäuse, Vögel einschließlich der Nestlinge

Fortpflanzung: lebend gebärend, 8–10 Junge

Ähnliche Arten: *C. ruschenbergerii*

„Als ich an einem Forschungsprojekt in Nordbrasilien teilnahm, begegnete mir diese Art recht häufig. Weitere Exemplare brachten mir Forscher der Fledermaus-Arbeitsgruppe. Sie hatten die Schlangen nachts in der Nähe ihrer Netze gefunden. Die Gartenboas hielten sich häufig in der Nähe von Gebäuden und entlang der Wege im Trockenwald auf. Auch Fledermäuse kamen hier am häufigsten vor, und wir folgerten, dass die Boas Fledermäuse erbeuteten. Zwei Vorfälle brachten uns zu diesem Schluss: Ich konnte eine Boa beobachten, an deren Körper ich erkennen konnte, dass sie eine Fledermaus verschlungen hatte, eine der 49 Arten des Reservats. Weiterhin berichtete mir ein Wissenschaftler, dass er beobachtet hatte, wie eine Gartenboa nachts an einem Parkia-Baum Nektar trinkenden Fledermäu-

Oben: Die Trinidadboa (*Corallus ruschenbergerii*) ist eine große Art, die beim Zuschlagen eine beeindruckende Reichweite hat.

S. 40: Eine Gartenboa (*Corallus hortulanus*). Diese Art kann auch rot, gelb, hellgrau oder mit dunkelgrauer Netzzeichnung gemustert sein.

sen aufgelauert hatte. Unter den vielen Schlangen, die ich beobachtete, waren mehrere Morphen mit gelber und orangeroter bis hin zu grauer Grundfarbe, manche ungemustert, andere leicht gemustert oder mit kräftig dunkelgrauer Netzzeichnung."

Ilha de Maracá, Roraima, Brasilien

„Richtet man den Lichtkegel einer Taschenlampe nachts auf die Vegetation in so großer Entfernung, dass man weder die Schlange noch ihre Umgebung direkt beleuchtet, erkennt man dennoch das Leuchten der Augen und kann sie so finden. Eine matt rote Reflexion der Netzhaut wird deutlich sichtbar. Ich fand heraus, dass ich eine Gartenboa nachts aus 100 m Entfernung am Leuchten ihrer Augen erkennen konnte. Es verschafft einem eine große Befriedigung, wenn man eine Schlange in der Dunkelheit auf der anderen Seite eines Flusses entdeckt, ihn mit einem Motorboot überquert und im Licht der Taschenlampe beobachten kann, wie sie sich ihren Weg durch das Geäst bahnt."

Iwokrama- Reservat, Guyana

Trinidadboa – *Corallus ruschenbergerii*

Die Trinidadboa ersetzt die kleinere Gartenboa im nördlichen Kolumbien, in Venezuela, Panama, Costa Rica und auf Trinidad. Früher war sie als *C. enhydris cookii* bekannt. Heute ist *C. cookii* der Artname einer Population auf St. Vincent auf den Kleinen Antillen, und auch *C. grenadensis* von den Kleinen Antillen hat Artstatus. Diese große Hundskopfboa ist weniger variabel gezeichnet als ihre kleinere südliche Verwandte. Die meisten Exemplare sind beigefarben bis gelb und nur wenig gemustert. In aquatischen Lebensräumen wie Sümpfen sind die Tiere wichtige Jäger baumbewohnender Tiere wie kleiner Säugetiere und Echsen. Vielleicht fangen sie auch ruhende Wasservögel.

Verbreitung: pazifisches Costa Rica und Panama bis Venezuela und Trinidad

Länge: 1,4–2,0 m

Lebensraum: Regenwald, Flusswald, bewaldete Sümpfe und Baumsteppen

Nahrung: baumbewohnende Säugetiere, Fledermäuse, Vögel; Inselpopulationen auch Echsen

Fortpflanzung: lebend gebärend, 15–30 Junge

Ähnliche Arten: *C. cookii* und *C. grenadensis* von den Kleinen Antillen

„In den dichten Mangrovensümpfen entdeckte ich einige sehr große Trinidadboas. Nachts waren sie am Leuchten ihrer Augen leichter zu entdecken als tagsüber mit normalen Suchtechniken. Sie waren ziemlich aggressiv, sodass es nicht einfach war, sie zu fangen. Diese großen Hundskopfboas hatten beim Zuschlagen eine beeindruckende Reichweite." *Caroni-Sümpfe, Trinidad*

Regenbogenboas

Die Regenbogenboas sind die einzigen Vertreter der großen Gattung *Epicrates* auf dem Festland. Alle anderen Arten kommen auf den Westindischen Inseln vor. Die Gattung *Epicrates* ist recht vielfältig. Einige Arten werden kaum 1 m lang, andere können mehr als 4 m lang werden. Die Boas auf dem Festland

erreichen im Schnitt etwa 2 m Länge. Während die karibischen Arten begrenzte Verbreitungsgebiete haben, sind die des lateinamerikanischen Festlandes weit verbreitet. Gemeinsame Merkmale der Arten der Gattung *Epicrates*, die sie von anderen neotropischen Boas unterscheiden, sind das Vorhandensein großer regelmäßiger Schilde auf der Kopfoberseite, zwischen und vor den Augen, während die Schuppen anderer Boas hier meist klein und gekörnt sind. Auch weisen sie Ähnlichkeiten in der Bezahnung und Wirbelstruktur auf, was für den Feldforscher jedoch kaum von Nutzen ist. Regenbogenboas werden gern als Haustiere gehalten.

Braune Regenbogenboa – *Epicrates maurus*

Viele Autoren erkennen nur eine Art an, *Epicrates cenchria*, aber in jüngerer Zeit hat man die Unterart, die früher als *Epicrates cenchria maurus* bekannt war, in den Rang einer Art erhoben. Obwohl sie in Kolumbien, Venezuela und den Guyana-Staaten in großer Nähe zur Nominatform *Epicrates c. cenchria* vorkommt, scheinen die beiden Boas unterschiedliche Lebensräume zu bevorzugen. Es gibt auch keine Berichte, dass sie sich in freier Natur kreuzen, wie es zwischen anderen nahe verwandten Unterarten im Verbreitungsgebiet von *Epicrates cenchria* vorkommt.

Epicrates maurus bewohnt ganz Costa Rica und Panama und das nördliche Südamerika bis zur Orinoco-Mündung, und auch auf Trinidad, Tobago und Isla Margarita leben Populationen. Auch an den schmalen Küstenstreifen von Guyana, Surinam und Französisch-Guayana kennt man sie, und Exemplare, die dieser Art sehr ähneln, sind aus den Savannen von Guayana-Roraima in Brasilien bekannt. Ob all diese Populationen dieselbe Art repräsentieren, muss noch bestätigt werden, aber die Art *Epicrates maurus*, die erst vor kurzem anerkannt wurde, scheint eher eine Schlange der trockenen, mit Bäumen bestandenen Savannen zu sein als eine Regenwald-Art.

Die Jungen ähneln denen der Regenbogenboas südlicherer Regionen. Sie weisen einen breiten braunen Rückenstreifen auf, in dem sich große hellbraune Flecke befinden, mehrere Serien schwarzer, weiß umrandeter Flecke an den Seiten und drei dunkle Streifen am Kopf, die von der Schnauze zum Nacken verlaufen. Wenn sie das Erwachsenenalter erreichen, werden die meisten dieser Schlangen rotbraun bis braun. Das ursprüngliche Muster verschwindet, aber das irisierende Schimmern wie ein Ölfilm auf dem Wasser, dem die Schlange ihren Namen verdankt, ist bei Tageslicht zu erkennen.

Verbreitung: Costa Rica bis nördliches Südamerika, Trinidad und Tobago
Länge: 1,5–2 m
Lebensraum: Savanne und trockenes Savannen-Baumland
Nahrung: Säugetiere und Vögel
Fortpflanzung: lebend gebärend, 6–20 Junge

Regenbogenboa – *Epicrates cenchria*

Diese Art ist sehr weit verbreitet und variabel gemustert. Auch wenn man *Epicrates maurus* nicht mitzählt, werden bis zu acht Unterarten anerkannt. Die Merkmale, die einige der beschriebenen Formen trennen, sind schwierig zu definieren, und dass manche Exemplare Merkmale mehrerer Unterarten tragen, macht die Sache nicht leichter.

Die Autoren stimmen im Allgemeinen darin überein, dass man zwei grundlegende Zeichnungstypen erkennen kann. Zum

Typ A (*Cenchria*-Typ) gehören die Formen, die ein Rückenmuster aus großen, dunklen Ringflecken mit heller Mitte tragen, die Sattelflecke oder ungleichmäßige s-förmige Abzeichen bilden können, außerdem eine seitliche Zeichnung, die aus einem großen schwarzen Augenfleck mit einem hellen Halbmond im oberen Teil und einer Serie kleiner seitlicher dunkler Flecke darunter besteht. Zum Typ B (*Crassus*-Typ) gehören die Unterarten, die kleinere dunkelrandige Flecke mit heller Mitte tragen, die neben der Wirbelsäule verlaufen, sich aber auch über der Wirbelsäule treffen und hantelförmige Flecke bilden können. Außerdem tragen sie mehrere Serien kleinerer Flecke an den Flanken, die oberen oft mit hellem Rand, die häufig zu unterbrochenen Längsstreifen verschmolzen sind.

Die Nominatform *E. c. cenchria* ist die am besten bekannte Unterart mit dem Muster vom Typ A. Ihr Verbreitungsgebiet sind die Regenwälder des Amazonasbeckens von der Mündung bis zu seinem Oberlauf in Ecuador. Es erstreckt sich auch bis nach Kolumbien, Venezuela und die Guyana-Staaten. Diese Schlange ist besonders attraktiv. Erwachsene Tiere sind leuchtend orangerot mit kräftig schwarzen Ringflecken am Rücken und seitlichen Flecken, in denen sich oben ein heller Halbmond befindet. Fünf schwarze Längsstreifen gehen vom Kopf aus. Die Jungen sind sehr ähnlich gemustert wie die Jungen von *Epicrates maurus*.

Epicrates c. gaigae vom Oberlauf des Amazonas in Peru und dem bolivianischen Tiefland ähnelt der brasilianischen Form stark. Sie unterscheidet sich nur in bestimmten Beschuppungsmerkmalen und dem Fehlen des weißen Zentrums der seitlichen Flecken.

Die am besten bekannte Unterart von Typ B ist *Epicrates c. crassus* aus Süd- und dem südlichen Zentralbrasilien, Paraguay und dem nordöstlichen Argentinien. Die rotbraune Schlange trägt paarige, entlang der Wirbelsäule verlaufende Flecke mit hellem Zentrum und drei Reihen dunkler seitlicher Flecke. Sie kommt in der Baumsteppe, dem Cerrado und den saisonal überfluteten Grasländern des Pantanal vor. Die nahe verwandte argentinische *E. c. alvarezi* (Bild unten) bewohnt die Fußregion der Anden im nordwestlichen Argentinien und südwestlichen Bolivien. Ihr Muster ähnelt dem von *E. c. crassus*, die dunklen Ränder der Rückenflecken sind jedoch verschmolzen und bilden einen durchgehenden breiten Streifen entlang der Wirbelsäule, und auch bei den Kopfschilden gibt es mehrere Variationen.

Innerhalb Brasiliens erkennen einige Autoren vier weitere Unterarten an, aber auch diese werden nicht allen Variationen innerhalb des Verbreitungsgebietes dieser Art gerecht, für die wahrscheinlich eine taxonomische Revision nötig ist. *Epicrates c. barbouri* stammt von der großen Ilha de Marajó in der Amazonasmündung. Im Aussehen ähnelt sie am stärksten *E. c. crassus* aus Südbrasilien. Das Verbreitungsmuster scheint somit dem der Anakondas zu gleichen (siehe S. 53). *Epicrates c. assisi** bewohnt die Ränder der Dornwälder Nordostbrasiliens, kommt

Epicrates maurus (S. 42) ist die Regenbogenboa mit der nördlichsten Verbreitung, *Epicrates chenchria alvarezi* (unten) kommt am weitesten südlich vor.

aber auch in großer Nähe zu *E. c. hygrophilus* vor, die in den schmalen Wäldern der Atlantikküste von Bahia bis Rio de Janeiro lebt. Die letzte Unterart, *E. c. polylepis*, ist für das höher gelegene Land nördlich und östlich von Brasilia, der Hauptstadt Brasiliens, beschrieben. Die meisten dieser Formen kreuzen sich wahrscheinlich miteinander und auch mit *E. c. crassus*. Deshalb ist es sehr schwierig, ihre Verbreitungsgebiete festzulegen.

* *Epicrates c. xerophilus* ist ein häufig verwendetes Synonym für *Epicrates c. assisi*.

Verbreitung: nördliches und zentrales Südamerika östlich der Anden
Länge: 1,5–2,0 m
Lebensraum: tropischer Regenwald im Tiefland, Savanne und Baumsteppe
Nahrung: Säugetiere und Vögel
Fortpflanzung: lebend gebärend, 6–20 Junge

„Auf der Ilha de Maracá, Brasilien, fand ich 1987 im Wald in der Nähe der Forschungsstation eine 1,8 m lange männliche Epicrates cenchria cenchria. *Am nächsten Tag entdeckten wir ein ähnlich großes Weibchen. Als ich wenig später in Roraima durch die Savanne fuhr, fand ich auf der Straße ein totes Tier mit der Zeichnung von* E. maurus *und eine lebende Jungschlange mit derselben Zeichnung. In Peru fingen wir 2003 während Filmarbeiten innerhalb von 24 Stunden zwei mittelgroße adulte* E. c. gaigei*, eine in einem Indiodorf, die andere in einem Garten. Auf der Ilha de Marajó fand ich 1999 eine kleine* E. c. barbouri *in einem Stapel geschlagener Baumstämme in der Nähe unserer Unterkunft."*

Ilha de Maracá, Roraima, & Ilha de Marajó, Pará, Brasilien, und Alliance Cristiana, Loreto, Peru

Links: *Epicrates cenchria cenchria* hat als adulte Schlange eine lebhaft rote, orangefarbene und blaue Zeichnung.

Unten: Die Kubanische Schlankboa (*Epicrates angulifer*) ist die größte Schlange der Westindischen Inseln mit Ausnahme von Trinidad.

Schlankboas der Karibik

Neun *Epicrates*-Arten kommen in der Karibik vor, auf dem lateinamerikanischen Festland hingegen nur zwei. Sie erreichen weniger als 1 m bis über 4 m Länge und bewohnen die gesamten Westindischen Inseln außer den Kleinen Antillen. Das Zentrum der Artenbildung scheinen die Insel Hispaniola (Haiti und Dominikanische Republik) und die Bahamas zu sein, wo jeweils drei Arten vorkommen, aber auch auf Kuba, Jamaika, Puerto Rico und den Virgin Islands kommen Schlankboas vor.

Kubanische Schlankboa – *Epicrates angulifer*

Die Kubanische Schlankboa ist mit Abstand die größte Schlange der Westindischen Inseln, wenn man Trinidad mit der Großen Anakonda als Stück von Südamerika betrachtet. Sie ist auf der ganzen Insel verbreitet, doch die größten Exemplare fand man in Guantánamo Bay, dem Stützpunkt des US-Militärs. Ein Exemplar war nachweislich 4,85 m lang und es gibt historische Berichte von 4,8–6,4 m langen Schlangen. Leider sind Kubanische Schlankboas auch ihres aggressiven Verhaltens wegen berüchtigt. Von West nach Ost variiert die Zeichnung. Exemplare aus Ostkuba sind heller mit blasser Zeichnung, während weiter im Westen lebende kräftige dunkelbraune oder schwarze, eckige Abzeichen auf Rücken und Flanken tragen. Kubanische Schlankboas sind geschickte Jäger, die Nagetieren und Hühnern in Dörfern ebenso auflauern wie Fledermäusen in Höhleneingängen. Vermutlich jagen sie auch Leguane der Gattung *Cyclura*. Jungtiere fangen sicherlich kleinere Echsen wie *Anolis*. Es gibt auch Berichte, dass diese Art kleine Schlangen wie die Kubanische Erdboa (*Tropidophis melanurus*) erbeuten (S. 63).

Verbreitung: Kuba und Isla de la Juventud
Länge: 2,0–4,8 m
Lebensraum: feuchte und trockene Wälder, felsige Lebensräume
Nahrung: Nagetiere, Fledermäuse, Vögel und Echsen
Fortpflanzung: lebend gebärend, 1–7 Junge

Silbergraue Schlankboa – *Epicrates striatus*

Diese Art ist die am weitesten verbreitete Schlankboa der Westindischen Inseln. Sie kommt auf der Insel Hispaniola (Haiti und Dominikanische Republik) und auch auf den im Nordwesten gelegenen Bahamas vor. Überraschenderweise findet man sie auf den dazwischen liegenden Turks- und Caicos-Inseln nicht, auf denen die ähnlich große Bahama-Schlankboa (*E. chrysogaster*) vorkommt. Drei Unterarten der Silbergrauen Schlankboa sind für Hispaniola und die kleine vorgelagerte Île de la Tortue anerkannt, fünf von den mittleren Bahamas (Bimini, Andros, New Providence, Eleuthera, Cat, Exuma und Ragged Islands) beschrieben, und es scheint wahrscheinlich, dass die Population der Bahamas Artstatus verdient. Silbergraue Schlankboas besitzen ein Muster aus regelmäßigen oder unregelmäßigen dunkelbraunen, grauen oder schwarzen Flecken auf heller braunem, grauem oder cremefarbenem Grund. Die Art ist jedoch sehr variabel. Sie bewohnt eine Vielzahl von Lebensräumen, von trockenen und feuchten Wäldern bis hin zu Kiefernwäldern auf Andros und sogar Mangrovensümpfen.

Verbreitung: Hispaniola und Bahamas
Länge: 1,2–2,5 m
Lebensraum: feuchtes und trockenes Waldland, Kiefernwälder und felsige Lebensräume
Nahrung: Nagetiere, Vögel und Echsen
Fortpflanzung: lebend gebärend, 7–51 Junge

Fords Schlankboa – *Epicrates fordii*

Nicht alle Boas der Westindischen Inseln sind große Schlangen. Einige Arten werden kaum 1 m lang. Fords Schlankboa ist eine der kleineren Arten. Diese boden- bis baumbewohnende Schlange kommt nur auf der Insel Hispaniola vor und hat eine

S. 47 oben: Fords Schlankboa (*Epicrates fordii*) ist eine der kleineren Boas der Westindischen Inseln.

S. 47 unten: Die Jamaika-Schlankboa (*Epicrates subflavus*) haben Ignoranz und eingeführte Tierarten an den Rand der Ausrottung gebracht.

Unten: Die Silbergraue Schlankboa (*Epicrates striatus*) kommt auf Hispaniola und den Bahamas vor.

disjunkte Verbreitung. Sie wurde auf der Île de la Gonâve westlich vor Haiti nachgewiesen, in den südlichen Küstentiefländern und auf vorgelagerten Inseln von Port-au-Prince auf Haiti bis Barahona und Bani in der südlichen Dominikanischen Republik wie auch in isolierten Gebieten an der Nordküste. Fords Schlankboa ist wahrscheinlich eine Art des Tieflandes und der Küsten, die die trockenen Akazien- und Kakteengestrüppe und trockenes Grasland bevorzugt. Die sich dazwischen befindenden feuchteren Wälder des Tieflandes der nördlichen Dominikanischen Republik und die Tiburon-Halbinsel von Haiti scheinen eher von der Wein-Schlankboa (*E. gracilis*) bewohnt zu werden. Ein Blick auf die Verbreitungskarte macht deutlich, dass vieles über die Verbreitung der drei *Epicrates*-Arten noch unbekannt ist.

Verbreitung: Hispaniola
Länge: 0,8–1,0 m
Lebensraum: feuchtes und trockenes Waldland sowie felsige Lebensräume
Nahrung: Nagetiere und Echsen
Fortpflanzung: lebend gebärend, 1–3 Junge
Ähnliche Arten: *E. gracilis*

Jamaika-Schlankboa – *Epicrates subflavus*

Die auf Jamaika als „Yellowsnake" bekannte Art hat seit der europäischen Kolonisation sehr unter aktiver Verfolgung und dem Lebensraumverlust wegen landwirtschaftlicher Nutzung, Bebauung und dem Abbau von Bauxit gelitten, am meisten jedoch unter der Einführung von Hunden, Katzen, Schweinen und vor allem von Mungos, gegen die sie wehrlos ist. Verschiedene Autoren vermuteten, dass die Art auf Jamaika bereits ausgerottet ist. Auf der nahe gelegenen Goat Island jedoch soll sie überlebt haben. Sie wird von der IUCN als gefährdet geführt und steht auf Anhang I des CITES-Übereinkommens, was sie jedoch nicht vor Bedrohungen auf ihrer Insel schützt. Es gibt ein internationales Nachzuchtprogramm der Zoos. Ähnlich ist die Situation auf Puerto Rico, wo die endemische Puerto-Rico-Schlankboa (*E. inornatus*) ebenfalls wegen Lebensraumverlust und weil die lokale Bevölkerung sie zur Gewinnung von Schlangenfett fängt an den Rand der Ausrottung gebracht wurde. Diese Art ist ebenfalls durch CITES geschützt und wird von verschiedenen Institutionen nachgezüchtet.

Der vordere Körperabschnitt der Schlankboa ist olivgrün bis gelb mit schwarzen Schuppen, die in der Körpermitte zu dunklen Bändern werden und in einen schillernd schwarzen Hinterkörper und Schwanz übergehen. Sollten je gezüchtete Tiere ausgewildert werden, müssen die Mungos ausgerottet und die Bevölkerung überzeugt werden, die Schlange und ihren Lebensraum zu schützen. Auch dann ist fraglich, ob es gelingen wird.

Verbreitung: Jamaika und Goat Island
Länge: 1,5–2,3 m
Lebensraum: feuchtes Waldland und Kalkstein-Gebiete
Nahrung: Nagetiere, Fledermäuse und Vögel, sogar Papageien, auch Jungtiere von Echsen und Fröschen
Fortpflanzung: lebend gebärend, 3–39 Junge

Oben: Eine typische Abgottschlange (*Boa constrictor constrictor*) in Verteidigungshaltung auf einer Insel in der Amazonasmündung.

S. 49: Eine Abgottschlange (*Boa constrictor constrictor*) vom peruanischen Amazonas mit typischer Sattelzeichnung und Postokular-Streifen.

Abgottschlange

Der Gattung *Boa* gehört eine einzige neotropische Art an, die Abgottschlange (*Boa constrictor*). 1991 zählte man drei Madagaskar-Boas zur Gattung, die zuvor den Gattungen *Acrantophis* und *Sanzinia* angehörten (siehe S. 108). Dies basierte auf einer Analyse 79 morphologischer Merkmale. 2001 wurde diese Entscheidung jedoch aufgrund einer molekularen Untersuchung rückgängig gemacht, die zeigte, dass die Gattung *Boa* näher mit *Epicrates* (Schlankboas) und *Eunectes* (Anakondas) verwandt ist, mit denen sie eine neotropische Klade bildet. Zu dieser stellen die Madagaskar-Boas ein Schwestertaxon dar.

Abgottschlange – *Boa constrictor*

Die Abgottschlange ist leicht zu erkennen und wahrscheinlich eine der bekanntesten Schlangen der Erde. Auch Menschen anderer Kontinente haben schon von der *Boa constrictor* gehört. Der Name „Boa" ist sehr alt. Bereits Plinius der Ältere (23–79 n. Chr.) verwendete ihn in seinem Werk Naturalis historia, Teil 8, um eine Schlange in Italien zu beschreiben, die so groß gewesen sein soll, dass sie ein Kind im Ganzen verschlingen konnte. Sie habe sich vorwiegend von Milch ernährt, die sie am Euter von Kühen trank. Isidor von Sevilla (um 560–636 n. Chr.) fügte dem in seiner Enzyklopädie Etymologiae, Teil 12, hinzu, dass diese gigantische Boa Rinderherden verfolgte, um an den Eutern der Tiere Milch zu trinken. Dabei töte sie die Tiere und verdiene daher den Namen „Boa" oder „Ochsentöter". Plinius behauptete auch, dass Boas Elefanten töten könnten. Die Herpetologie in Europa hielt damals einfach mehr Überraschungen für uns bereit als heute. In Anbetracht der tief verwurzelten Geschichte dieser mythischen Schlange ist es nicht überraschend, dass Carl von Linné, der schwedische Vater der modernen Systematik, in seinem 1758 veröffentlichten Werk Systema Naturae eine Gattung der Schlangen *Boa* nannte, obwohl er mit Sicherheit nicht annahm, dass die großen südamerikanischen Schlangen sich von Menschenkindern oder Milch ernährten oder eine pathologische Abneigung gegen Elefanten hegten. Linné verlieh auch der Großen Anakonda, heute *Eunectes murinus*, den Namen *Boa murina*. Obwohl man in der Literatur des 19. und frühen 20. Jahrhunderts Geschichten über riesige Abgottschlangen fand, war das nachweislich größte Exemplar weniger als 5 m lang.

Die Abgottschlange ist die am weitesten verbreitete lateinamerikanische Boa. Sie kommt vom Norden Mexikos bis nach Nordargentinien auf der Ostseite der Anden und bis Peru auf der Westseite vor. Obwohl die Rückenfärbung in ihrem Verbreitungsgebiet extrem variiert, handelt es sich im Allgemeinen um eine braune oder graue Schlange mit einer Serie breiter Sattelflecke am Rücken, die zu einem Kettenmuster verschmolzen sein können und am Schwanz kräftiger werden. Am Kopf befinden sich drei charakteristische dunkle Bänder. Eins verläuft von der Schnauzenspitze bis zum Nacken in der Kopfmitte, mit oder ohne seitliche Fortsätze, und je ein dunkles Band befindet sich auf jeder Seite, das als dunkles Dreieck zwischen Schnauze und Auge beginnt und sich durch das Auge und nach unten zum Mundwinkel zieht.

Abgottschlangen sind in den meisten Lebensräumen in ihrem ausgedehnten Verbreitungsgebiet nachgewiesen worden. Sie sind primär dämmerungs- oder nachtaktiv und teils baumbewohnend. Jungtiere halten sich öfter auf Bäumen auf als die schweren adulten Schlangen. Die Jagdtechniken reichen vom Auflauern bis zur aktiven Suche nach Beutetieren. Das Beutespektrum ist vielfältig. Säugetiere bilden jedoch den Großteil der Nahrung, was verwundert, denn der Abgottschlange fehlen die Wärmesinnesgruben, die bei den Regenbogenboas und Hundskopfboas so auffällig sind. Zu den ausgefalleneren Beutetieren, von denen berichtet worden ist, gehören Vampirfledermäuse, Baumstachler, Dorfhunde, Nasenbären, junge Hirsche, Mungos (eingeführt) und ein Ozelot. Einige Vogelarten zählen nachweislich zum Beutespektrum, außerdem Echsen, von kleineren Arten bis hin Schwarzleguanen und Grünen Leguanen. Es ist nur ein einziger Fall bekannt, bei dem ein Mensch von einer Abgottschlange getötet wurde. Es handelte sich dabei um einen Entfesslungskünstler in einem Nachtclub, der von einer jungen Abgottschlange stranguliert wurde, die sich mit ihm in einem Sarg befand!

Abgottschlangen werden sehr häufig im Terrarium gehalten und können 25 bis 35 Jahre alt werden. Der Altersrekord liegt bei fast 39 Jahren. Die zu starke Dezimierung kleiner Populationen durch den Fang für den Zoohandel, besonders der Populationen von den Islas de la Bahía und den Cayos Cochinos, hat wahrscheinlich dazu geführt, dass einige dieser einzigartigen Inselboas fast ausgerottet worden sind. Auf dem Festland hatte die Jagd dieser Schlangen ihrer Häute, des Fleisches und bestimmter Körperteile wegen in Verbindung mit aktiver Verfolgung und Lebensraumverlust verheerende Auswirkungen auf diese große und einst recht häufige Art. Ich habe Köpfe von Abgottschlangen in Einmachgläsern, Kleiderhaken aus getrockneten Schlangenschwänzen und lebende Junge in Säcken gesehen, die auf den Indiomärkten in Belém in Brasilien und Iquitos in Peru verkauft wurden. Die Abgottschlangen tragen ganz wesentlich zur Eindämmung der entstellenden Krankheit Leishmaniose bei. Der einzellige Parasit, der diese Krankheit beim Menschen hervorruft, befällt auch eine andere Art, das allgegenwärtige Opossum. Die Blut saugenden Sandmücken können die Krankheit übertragen, wenn sie zuerst ein Opossum und dann einen Menschen stechen. Opossums sind in Slums und auf Müllhalden um die Städte sehr häufig, und hier sind die Infektionsraten oft hoch. Die *Boa constrictor*, die Opossums frisst, ohne selbst an der Leishmaniose zu erkranken, wäre hier eine gute Verbündete. Leider werden die Schlangen von eben den Leuten getötet, die sie vor der Krankheit schützen.

Verbreitung: Nordmexiko bis Nordargentinien einschließlich der Inseln vor der Pazifikküste und in der Karibik
Länge: 2,0–3,0 m, gelegentlich Exemplare bis 5,0 m, Inselpopulationen unter 2,0 m
Lebensraum: Regenwald, Waldland, Grasland, Halbwüste, tropische Inseln, Agrarland und Plantagen, von Meeresspiegelhöhe bis in 1000 m Höhe
Nahrung: Säugetiere, Fledermäuse, Vögel, Echsen
Fortpflanzung: lebend gebärend, 10–64 Junge
Ähnliche Arten: Madagaskar-Boas (*Acrantophis*-Arten)

„Eines Abends fing ich nach starkem Regen eine sehr aggressive, 2 m lange Abgottschlange in der Ökologischen Station. Sie schien zwei spitze Auswüchse oben auf dem Kopf zu haben. Als ich ihr Maul öffnete, entdeckte ich fünf eingewachsene Stacheln, von denen zwei nach außen durchgedrungen waren. Der einzige Baumstachler, der nachweislich im Reservat vorkommt, ist der Greifstachler Coendou prehensilis. *Die Schlange muss den Baumstachler mit so großer Kraft gepackt haben, dass die Stacheln durch die Knochen des Schädels dringen konnten. Nachdem ich die Stacheln entfernt hatte, ließ ich das Tier frei. Gewisse Parallelen zur Geschichte von Daniel in der Löwengrube habe ich schnell wieder verworfen, als die undankbare Schlange mich prompt biss.“* *Ilha de Maracá, Roraima, Brasilien*

Unterarten von *Boa constrictor*

Obwohl die Abgottschlange zu den unverkennbarsten Schlangenarten gehört, ist ihre Taxonomie dennoch verwirrend. Wie viele Unterarten beschrieben wurden, wie viele von ihnen noch gültig sind und ob sie sich in der Natur kreuzen, ist unklar. Sogar die genauen Verbreitungsgebiete der unstrittig akzeptierten Unterarten sind oft nicht bekannt. Ich will versuchen, den Status der vielen Unterarten zusammenzufassen, die während der letzten fast 250 Jahre von *B. constrictor* beschrieben worden sind. Am einfachsten ist es, sie chronologisch aufzuführen.

Königsboa – *Boa constrictor constrictor*

Carl von Linné beschrieb die *Boa constrictor* 1758, aber die genaue Typuslokalität ist unbekannt, weil er irrtümlicherweise „Indiis" (Indien) angab. Die Nominatform kommt in weiten Teilen Südamerikas östlich der Anden vor, von Venezuela bis Südbrasilien, ebenso auf Trinidad und Tobago. Es handelt sich um eine sehr variable Unterart, die dunkel oder hell sein kann. Die meisten Exemplare sind jedoch hell beigebraun oder gelbbraun mit 15 bis 22 dunklen Sattelflecken entlang des Körpers und weißem oder gelbem Bauch mit wenigen verstreuten dunklen Flecken. Die Zahl der Sattelflecke und die dorsale, ventrale und subcaudale Beschuppung (in unten stehender Tabelle aufgeführt) sind wichtige Merkmale, um die Unterarten von *B. constrictor* bestimmen zu können. Schlangen, die als Guyana-Rotschwanzboas oder Suriname-Rotschwanzboas bekannt sind, sieht man im Zoohandel oft. Taxonomisch sind das jedoch keine gültigen Bezeichnungen, denn alle Populationen der drei Guyana-Staaten gehören *B. c. constrictor* an.

St.-Lucia-Boa – *Boa constrictor orophias*

Linné beschrieb 1758 *Boa orophias* als eigene Art, aber im frühen 20. Jahrhundert wurde ihr lediglich der Rang einer Unterart zugesprochen. Spätere Autoren waren der Meinung, dass sie eine Anerkennung als eigenständige Art verdient, da es sich um eine Inselpopulation handelt, die in reproduktiver Isolation lebt. Die St.-Lucia-Boa hat einen tiefbraunen Rücken, 27–31 schmale Sattelflecke entlang des Rückens und einen hellen Bauch mit schwarzen oder grauen Sprenkeln.

Kaiserboa – *Boa constrictor imperator*

Die Kaiserboa wurde von Daudin 1803 als eigenständige Art *B. imperator* beschrieben. 1910 erklärte man sie jedoch zur Unterart. Sie ist generell viel dunkler als die Königsboa, grau statt braun mit 22–30 dorsalen Sattelflecken und Beschuppungsmerkmalen, anhand derer man sie von der südlichen Form unterscheiden kann. Ein weiteres Merkmal, das *B. c. imperator* von *B. c. constrictor* unterscheidet, ist das dunkle Längsband, das bei beiden Unterarten durch die Mitte des Kopfes verläuft. Bei der zentralamerikanischen Form hat es seitliche Verlängerungen, die sich über die Augen erstrecken, während diese bei der südamerikanischen Nominatform fehlen. Der Bauch der Kaiserboa ist dunkler gesprenkelt als bei *B. c. constrictor*.

Boa constrictor imperator kommt von Nordmexiko entlang der beiden Küsten Zentralamerikas bis nach Südamerika westlich der Anden vor, südlich bis Ecuador. Mehrere Inselformen vor der Pazifik- und Karibikküste sind als Inselpopulationen von *B. c. imperator* anerkannt, trotz der Tatsache, dass sie im Allgemeinen viel heller gefärbt, kleiner und weniger aggressiv als die Tiere des zentralamerikanischen Festlandes sind. Die bekanntesten Populationen bewohnen die Islas de la Bahía (Roatán, Guanaja und Útila) und die Cayos Cochinos bis in den Norden von Honduras, Great Corn Island vor Nicaragua, San Andros und die benachbarten mexikanischen Karibikinseln. Viele dieser kleinen Inselpopulationen sind wegen Verfolgung, Lebensraumverlust und dem Fangen von Tieren für den Zoohandel vom Aussterben bedroht.

Mexikanische Boa – *Boa constrictor mexicana*

Diese Unterart wurde 1863 von Jan beschrieben. Die Tiere besitzen im Vergleich weniger Rückenschuppen und das dunkle Band in der Kopfmitte fehlt. 30 Jahre später wurde diese Form mit *B. c. imperator* gleichgesetzt und ist heute nicht mehr gültig.

Südboa – *Boa constrictor occidentalis*

Diese Form, die von Philippi 1873 als Art beschrieben und 1910 zur Unterart erklärt wurde, ist schwarz oder grau mit charakteristisch unregelmäßiger Netzzeichnung und wird selten mit einem anderen Taxon verwechselt. Wie *B. c. imperator* hat sie 22 oder mehr Sattelflecke am Rücken, deren Ränder jedoch unregelmäßig und unklar abgegrenzt sind. Diese Unterart hat die südlichste Verbreitung. Sie kommt in Paraguay und Nordargentinien vor.

Ortons Boa – *Boa constrictor ortonii*

Diese auf ein kleines Gebiet im nordwestlichen Peru beschränkte Form wurde von Cope 1878 als eigenständige Art beschrieben, 1943 jedoch zur Unterart herabgestuft. Die Population, die von den Küstentiefländern bis in 1000 m Höhe vorkommt, ist wohl die am südlichsten verbreitete Population von *B. constrictor* westlich der Anden. Ihre Grundfarbe ist hell beigebraun,

Oben: Die Kaiserboa (*Boa constrictor imperator*), eine kleine, pastellfarbene Inselform der dunklen Königsboa des Festlandes, ist vom Aussterben bedroht, weil zahlreiche Tiere für den Zoohandel gefangen werden.

Rechts: Manche Abgottschlangen sind sehr dunkel, wie dieses Exemplar aus dem Yavari-Tal im peruanischen Amazonasgebiet.

Die Südboa (*Boa constrictor occidentalis*) ist die südlichste Unterart der *Boa constrictor* und die einzige auf dem CITES-Anhang I.

und sie besitzt 15–19 Sattelflecke auf dem Rücken. Viele junge Abgottschlangen haben rote Schwänze, doch diese Färbung verblasst später. Bei dieser Unterart bleibt der rote Schwanz jedoch oft auch bei erwachsenen Schlangen erhalten. Trotz der hellen Färbung ist sie wohl nahe mit *B. c. imperator* verwandt und zeigt wie diese ein Band in der Mitte des Kopfes mit Ausläufern über den Augen.

Pearl-Island-Boa – *Boa constrictor sabogae*

Barbour beschrieb diese Form 1906, stellte sie aber ursprünglich in die Gattung *Epicrates*. Sie kommt nur auf Taboga im Golf von Panama vor und ist die einzige zentralamerikanische Inselpopulation, die als Unterart anerkannt ist. Sie ist braun mit weit voneinander getrennten Sattelflecken auf dem Rücken.

Amarals Boa – *Boa constrictor amarali*

Die 1932 von Stull beschriebene Unterart ist hellgrau mit schwarzen oder dunkelgrauen Sprenkeln auf Rücken und Bauch, mindestens 19 Sattelflecken und einem breiten dunklen Band in der Mitte des Kopfes, das keine Fortsätze aufweist. Sie ist vom Osten Boliviens bis zum Südosten Brasiliens verbreitet. Stull hielt sie für eine Mischform aus *Boa c. constrictor* und *B. c. occidentalis*.

Sigmaboa – *Boa constrictor sigma*

Diese Unterart, die Smith 1943 von den abgelegenen Islas tres Marías im Pazifik nordwestlich von Mexiko beschrieb, wird gewöhnlich mit *B. c. imperator* gleichgesetzt, obwohl sie geografisch isoliert vorkommt und höhere Schuppenzahlen aufweist.

Dominicaboa – *Boa constrictor nebulosa*

Erst 1964 beschrieb Lazell eine zweite Inselpopulation von den Kleinen Antillen als von *B. c. orophias* getrenntes Taxon. Anders als die St.-Lucia-Boa ist dies eine dunkle Schlange mit 32 oder mehr unregelmäßig gerandeten und unklar abgegrenzten Sattelflecken. Aufgrund ihrer geografischen Isolation und der reproduktiven Isolation könnte diese Inselpopulation den Rang einer eigenständigen Art verdienen.

Schwarzbauchboa – *Boa constrictor melanogaster*

Langhammer beschrieb die Schwarzbauchboa aus den Amazonasgebiet Ecuadors 1983, veröffentlichte seine Beschreibung aber in einer Populärzeitschrift. Spätere Autoren glauben, dass die Beschreibung fehlerhaft ist, und die Unterart ist nicht allgemein anerkannt. Die Schlange ist grau oder gelb mit 20–21 dunklen schokoladenbraunen Sattelflecken und einem kräftig schwarz gesprenkelten oder völlig schwarzen Bauch.

Langschwanzboa – *Boa constrictor longicauda*

Die letzte hier aufgeführte Unterart, die von Price und Russo 1991 beschrieben wurde, ist die Langschwanzboa von der abgelegenen feucht-tropischen Tumbes-Region im nordöstlichen Peru. Sie ist von benachbarten Populationen durch Gebirgszüge getrennt. Die Beschreiber schildern sie als schwarze Schlange und fordern, dass ihr ein eigener taxonomischer Status zukommt. Sie begründen das abgesehen von ihrem isolierten Vorkommen anhand mehrerer Merkmale, besonders dem langen Schwanz und der geringen Anzahl an Sattelflecken (20–21).

Meristische Variationen der Schuppenzahlen bei den Unterarten von *Boa constrictor*

	Sattelflecke	Dorsalia	Ventralia	Subcaudalia
Boa c. constrictor	15–22	81–95	234–250	49–62
Boa c. orophias	27–31	65–75	270–288	55–59
Boa c. imperator	22–30	56–79	225–253	47–69
Boa c. occidentalis	22	65–87	242–254	35–58
Boa c. ortonii	15–19	57–72	246-252	46–59
Boa c. sabogae		65–67	241–247	49–70
Boa c. amarali	19	71–79	226–237	43–52
Boa c. sigma	30	77	253–260	55–66
Boa c. nebulosa	32–35	59–69	258–273	52
Boa c. melanogaster	20–21	86–94	237–252	45–54
Boa c. longicauda	20–21	60–76	223–247	50–67

Anakondas

Möglicherweise ist der Netzpython (*Python reticulatus*) die längste Schlange der Welt. Wenn es aber darum geht, welche Schlangenart die größte ist, muss man auch andere Faktoren berücksichtigen, wie den Körperumfang und das Gewicht. Ohne Zweifel ist die schwerste Schlange der Erde mit dem größten Körperumfang die Große Anakonda (*Eunectes murinus*).

Anakondas kann man als vorwiegend aquatisch lebende südamerikanische Riesenschlangen definieren. Der Name „Anakonda" ist weder spanisch noch portugiesisch und auch kein indianischer Name für Schlange. „Anakonda" ist ein singhalesisches Wort und bedeutet „Python". Es ist ein Dialektwort für die Rasse des Tigerpython (*Python molurus*) aus Sri Lanka. Die Verwendung einer singhalesischen Bezeichnung für eine südamerikanische Schlange erinnert an die Art und Weise, wie die Wörter „Boa" (eine mythische, Kinder verschlingende und Rinder tötende italienische Schlange – siehe *Boa constrictor*, S. 48) und „Tarantula" (eine große südeuropäische Wolfsspinne) in die Tropen der Neuen Welt gelangten. Diese Worte verbreiteten sich mit der Kolonisation. Die Namen verwendeten frühe Reisende, Entdecker und Siedler aus Spanien, Portugal und Italien, die Südamerika bereisten und großen Schlangen und Spinnen einen ihnen geläufigen europäischen Namen geben. Zu dieser Zeit besaßen die Portugiesen viele Kolonien, unter anderem den Teil Amazoniens, der heute Brasilien heißt und die Heimat der Anakondas ist, und Taprobane, eine Insel im Indischen Ozean, die später unter britischer Herrschaft Ceylon genannt wurde und heute Sri Lanka heißt. Zweifellos wurde der singhalesische Name für „Python" von portugiesischen Seefahrern und Siedlern nach Amerika transportiert, die in Taprobane gehört hatten, dass der Name für große Schlangen verwendet wird.

Interessanterweise wird im Nordosten Brasiliens die Anakonda „Aboma" genannt. Auch das ist kein indianischer oder portugiesischer Name, obwohl auch er Python bedeutet. „Aboma" ist der westafrikanische Name für den Felsenpython (*Python sebae*), und er wurde wahrscheinlich von afrikanischen Sklaven, die auf den Zuckerrohrplantagen arbeiten mussten, nach Bahia und in benachbarte Staaten gebracht.

Es gibt nicht nur eine Anakonda-Art. Bis zu fünf Arten wurden beschrieben und heute werden meist vier anerkannt. Die Große Anakonda (*E. murinus*) wurde 1758 von Linné als *Boa murina* beschrieben, und mehr als 100 Jahre vergingen, bevor Cope eine zweite kleinere Art beschrieb, die weiter südlich vorkam, die Gelbe Anakonda (*E. notaeus*). 1936 geschah etwas Ungewöhnliches: Zwei neue Anakonda-Arten wurden im Zoo von Philadelphia anhand lebender Exemplare beschrieben. Das an sich war nicht ungewöhnlich, denn lebende Exemplare wurden früher häufig als Typusexemplare verwendet, obwohl das heute mit Misstrauen betrachtet wird. Die Beschreibung war insofern ungewöhnlich, als dass man glaubte, dass sie am selben Ort gefangen worden waren, einer großen Insel in der Amazonasmündung, Ilha de Marajó im Bundesstaat Pará. Das Vorkommen der Große Anakonda in Amazonien war bereits bekannt, auch auf der Ilha de Marajó. Dass zwei weitere Anakonda-Arten am selben Ort leben sollten, schien wenig glaubwürdig.

Große Anakondas (*Eunectes murinus*) fressen durchaus Säugetiere und Kaimane, aber eine Wasserschildkröte?!

Die neuen Arten waren *Eunectes barbouri*, die der Großen Anakonda ähnelt, deren schwarze Augenflecke in der Mitte jedoch hell waren, und *E. deschauenseei*. Beide Arten sind nach ihren Sammlern benannt. Die zweite Art ähnelte der Gelben Anakona stark, die viel weiter südwestlich vorkommt. Der Rang von *E. barbouri* wurde in den folgenden Jahren wiederholt angezweifelt, und als Exemplare der Großen Anakonda mit dem *E.-barbouri*-Muster an verschiedenen Stellen ihres großen Verbreitungsgebietes gefunden wurden, erkannte man, dass es sich nicht um eine eigene Art handeln konnte, und *E. barbouri* wurde als Synonym von *E. murinus* betrachtet. Gleichzeitig glaubten einige Kritiker, dass *E. deschauenseei* nichts anderes sei als die Gelbe Anakonda. Dennoch, die isolierte Verbreitung zweier Populationen legt nahe, dass es sich wahrscheinlich um Schwestertaxa und nicht um zwei isolierte Populationen derselben Art handelt, obwohl beide sich extrem ähneln. *Eunectes notaeus* kommt im südwestlichen Brasilien sowie in Paraguay (dem Gebiet, das als Pantanal bekannt ist) und *E. deschauenseei* auf der Ilha de Marajó tausende von Kilometern im Nordosten vor. Später wurde sie auch im nordöstlichen Bundesstaat Amapá und dem benachbarten Französisch Guayana entdeckt. Die den Amazonas bewohnende Große Anakonda trennt die beiden Vorkommen. Eine solche Trennung könnte stattgefunden haben, als der Regenwald des Amazonasgebietes in einer der Perioden seiner Ausdehnung eine zusammenhängende Population von in der Savanne lebenden Vorfahren der Gelben Anakonda in zwei isolierte Teile trennte, ähnlich der Art und Weise, wie ein Anstieg des Meeresspiegels Inselpopulationen von denen des Festlandes geografisch isolierte.

Große Anakonda – *Eunectes murinus*

Die Große Anakonda ist die größte und die am weitesten verbreitete Anakonda. Sie ist oberseits dunkelgrün und unterseits gelbgrün mit großen schwarzen Augenflecken beiderseits der Wirbelsäule, die sich am Rücken treffen können, und mehreren Serien kleiner Flecke mit hellem Zentrum an den unteren Flanken. Außerdem trägt sie ein breites, schwarzrandiges Band, das vom Auge zum Mundwinkel führt. Seit dem frühen 19. Jahrhundert waren zwei Unterarten bekannt: die Nominatform des Amazonasgebiets, deren Band dieselbe Farbe hat wie die Körperfärbung, und eine nördliche Rasse, die von Kolumbien bis in die Guyana-Staaten vorkommt und sich durch ihr hell gefärbtes, oft orangefarbenes Band hinter dem Auge auszeichnet. Die Farbe des Bands variiert jedoch sogar bei Exemplaren aus demselben Gebiet, und die Unterarten sind nicht mehr anerkannt. Die Bänder befinden sich bei jungen Tieren an den Seiten des Kopfes, aber wenn die Schlange älter wird, wird der Kopf breiter und sowohl die Augen als auch die Bänder verlagern sich mehr auf die Kopfoberseite. Das kann zu interessanten Interpretationen führen (siehe persönliche Beobachtung auf S. 56)

Große Anakondas kommen in den saisonal überfluteten Savannen wie den Llanos in Venezuela vor, bewohnen aber auch das riesige Amazonas-Flusssystem. In der Savanne sind sie jährlichen Trockenzeiten ausgesetzt, in denen die Lagunen und das Grasland austrocknen, sodass sie gezwungen sind, sich über den Schlamm ins tiefere Wasser zu bewegen oder sich zu vergraben, um eine Sommerruhe einzulegen. Die Anakondas im Amazonasbecken kennen solche Extreme nicht und können das ganze Jahr über aktiv sein. Auch die verfügbare Beute ist in den Lebensräumen unterschiedlich. Das Angebot an Beutetieren schwankt wohl für die Anakondas des Graslandes saisonal, bei optimalen Bedingungen jedoch sind kleine bis mittelgroße Tiere (Wasserschweine, Watvögel, Brillenkaiman) im Überfluss vorhanden. Die Anakondas der Flüsse hingegen finden vermutlich das ganze Jahr über Beute, jedoch in geringerer Dichte.

Einmal zählte ich in einem Fluss in Venezuela Kaimane. Im seichten Wasser und auf Flussbänken fand ich 200 Tiere mit bis zu 2 m Länge. Nachdem es vier Tage lang heftig geregnet hatte, fuhr ich dieselbe Strecke ab und zählte nur 20 Tiere. Noch immer befanden sich in diesem Flussabschnitt 200 Kaimane,

aber sie schwammen nun in tieferem Wasser, denn die meisten ihrer Ruheplätze waren überflutet. Ein Kaiman konnte sich leicht vor mir verbergen, aber für einen großen, kräftigen Jäger, der von unten kommt, wäre er eine leichte Beute gewesen. In einem Fluss könnte eine Anakonda wahrscheinlich das ganze Jahr über Beute machen und auf diese Weise größer werden als ein Tier aus den saisonal überfluteten Savannen.

Man vermutet, dass in der Savanne lebende Große Anakondas eine maximale Länge von 7,5 m erreichen können. Exemplare in den tiefen Regenwaldflüssen weiter im Süden können jedoch viel größer werden. In der Tat stammen die meisten Geschichten riesiger Anakondas aus dem 19. und 20. Jahrhundert aus den undurchdringlichen Amazonasgebieten in Brasilien und Kolumbien. Es gab die Theorie, dass die wirklich riesigen Anakondas einer anderen, noch nicht beschriebenen Art angehörten. Das ist jedoch sehr zweifelhaft, da noch niemand eine junge Anakonda der unbekannten riesigen Art gefangen hat. Viel wahrscheinlicher wäre, dass, wenn solche Giganten wirklich existieren, die Umweltbedingungen (ein optimaler Lebensraum, das ganze Jahr über verfügbare Beute und keine natürlichen Feinde) es ermöglichen, dass einzelne Tiere zu gigantischer Größe heranwachsen. Große adulte Anakondas leben fast ausschließlich im Wasser. So vermeiden sie eine Überhitzung und können sich leichter bewegen und jagen, da das Wasser ihre beachtliche Körpermasse trägt. Eine aquatische Anakonda kann einen größeren Umfang erreichen und schwerer werden als der vorwiegend an Land lebende Netzpython. Die größte der 40 Anakondas, die ich gefangen habe, war 5,75 m lang und wog 73 kg, und mindestens zwei andere 5,5 m lange Tiere waren ebenso schwer.

Verbreitung: Kolumbien, Venezuela, Trinidad, die Guyana-Staaten, Brasilien, Peru, Ecuador und Bolivien

Länge: 7,5– 11,5 m

Lebensraum: Regenwaldflüsse und saisonal überflutete Savannen

Nahrung: Säugetiere, Vögel, Kaimane, Schlangen, gelegentlich Fische

Fortpflanzung: lebend gebärend, 20–40 Junge, Rekord 82

Die Große Anakonda (*Eunectes murinus*) verbringt mit zunehmender Größe mehr Zeit im Wasser – und sie wird sehr groß!

„1993 fragte man mich, ob ich an einer Reise nach Guyana teilnehmen wolle, um unter anderem Berichten von einer großen, gehörnten Anakonda nachzugehen. Ich war skeptisch und konnte mir keinen Grund vorstellen, warum eine Anakonda Hörner tragen sollte. Ich fing nur ein 3 m langes Exemplar, das allerdings keine Hörner besaß. Einige Monate später schaute ich mir Videos für eine Filmgesellschaft an. Darunter befand sich eine Szene, in der eine mittelgroße Anakonda auf die Kamera zu schwamm. Als die Schlange sich näherte, begriff ich, wie die Geschichte der gehörnten Anakonda entstanden sein musste. Die schwarzen Ränder der Postokularstreifen riefen einen dreidimensionalen Eindruck hervor, und wenn man sie von oben betrachtete, schienen die geschwungenen orangefarbenen Streifen sich über den Rest des Kopfes zu erheben. Sie sahen genauso aus wie ein paar gekrümmter, spitzer Hörner.“

Rupununi River, Guyana und Großbritannien

Gelbe Anakonda – *Eunectes notaeus*

Die Gelbe Anakonda lebt im Pantanal, den saisonal überfluteten Savannen beiderseits des Río Paraguay von Argentinien bis in den Südwesten Brasiliens und nach Paraguay. In Gebieten, wo sie neben *E. murinus* vorkommt, findet man *E. notaeus* in den Sümpfen im Zentrum, während *E. murinus* die Randflüsse bewohnt. Die Grundfarbe des Körpers ist gelb und die schwarzen Flecke entlang der Wirbelsäule treffen sich häufiger am Rücken als die großen schwarzen Augenflecke der Großen Anakonda

Oben: Die Große Anakonda (*Eunectes murinus*) ist an den Flecken auf grünlichem Untergrund leicht zu erkennen.

Unten: Die kleinere Gelbe Anakonda (*Eunectes notaeus*) bewohnt das jahreszeitlich bedingt überflutete Pantanal in Südbrasilien, Paraguay und Nordargentinien.

S. 57: Die De-Schauensee-Anakonda (*Eunectes deschauenseei*) kommt im Mündungsgebiet des Amazonas vor und ähnelt der Gelben Anakonda (*Eunectes notaeus*).

und bilden Querbänder oder eine aufgebrochene Zickzacklinie. Die schwarze Zeichnung der unteren Flanken besteht aus einer doppelten Reihe schmaler Halbmonde mit kleinen dunklen Flecken darunter. Der Kopf der Gelben Anakonda trägt drei breite, zusammenlaufende Streifen, die auf der Schnauze einen Pfeil bilden.

Verbreitung: Paraguay, südwestliches Brasilien, nordöstliches Argentinien und Uruguay
Länge: 2,5–3,0 m
Lebensraum: saisonal überflutete Savanne
Nahrung: Säugetiere, Vögel, Kaimane, Schildkröten, Echsen, gelegentlich Fische
Fortpflanzung: lebend gebärend, 10–30 Junge, Rekord 37
Ähnliche Arten: *E. deschauenseei*

De-Schauensee-Anakonda – *Eunectes deschauenseei*

Die De-Schauensee-Anakonda ist nach ihrem Sammler benannt, der 1924 ein Exemplar an den Zoo von Philadelphia schickte. Man glaubte, dass der Fundort die Ilha de Marajó gewesen sei, die größte Insel in der Amazonasmündung, die etwa zur Hälfte aus Mangrovensümpfen und zur anderen aus saisonal überflutetem Grasland besteht. Diese Anakondas wurden angeblich neben Großen Anakondas im Grasland gefunden. 1999, als ich *Eunectes deschauenseei* in freier Natur suchen wollte, fanden wir nur ein 1 m langes, vor kurzem getötetes Exemplar sowie eine 5,5 m lange Große Anakonda.

Die De-Schauensee-Anakonda ist fast nicht von der Gelben Anakonda zu unterscheiden, doch bei den wenigen Exemplaren, die ich gesehen habe, schienen die schwarzen Rückenflecke breiter und die Grundfarbe kräftiger grün zu sein als bei ihren Verwandten im Pantanal. *Eunectes deschauenseei* wurde auch im Bundesstaat Amapá, am unteren Amazonas in Brasilien und in Französisch Guayana im Norden nachgewiesen.

Verbreitung: Ilha de Marajó, Brasilien, bis Französisch Guayana
Länge: 2,5–3,0 m
Lebensraum: saisonal überflutete Savanne
Nahrung: Säugetiere, Vögel, Fische, möglicherweise Kaimane
Fortpflanzung: lebend gebärend, Wurfgröße unbekannt
Ähnliche Arten: Gelbe Anakonda (*E. notaeus*)

Eine neue Anakonda-Art?

Der deutsche Herpetologe Lutz Dirksen beschrieb 2002 vom Flusssystem des Beni in Bolivien eine neue Anakonda-Art. Die Art, *Eunectes beniensis*, weist sowohl Merkmale von *E. murinus* als auch von *E. notaeus* auf, und Dirksen hielt sie anfangs für eine Hybride zwischen den beiden seit langem bekannten Arten. Weitere Untersuchungen, die Dirksen anstellte, zeigten einige Unterschiede in Beschuppung, Farbe und Zeichnung, die die Anerkennung von *Eunectes beniensis* als eigene Art unterstützen. In englischer Sprache zusammengefasst finden sie sich in Dirksen & Böhme (2005): Studies on Anacondas III. Russian Journal of Herpetology 12 (3): 223–229.

Nordamerikanische Rosenboas und Gummiboas

Im Zusammenhang mit Boas denkt man meist nicht an Nordamerika, doch kommen zwei Arten in den USA vor, und eine davon sogar bis nach Kanada. Beide sind klein und leben verborgen. Sie sind in der Neuen Welt die einzigen Vertreter der altweltlichen Unterfamilie Erycinae, zu der auch die afrikanischen und asiatischen Sandboas und der westafrikanische Erdpython gehören. Die Taxonomie dieser Unterfamilie hat in den letzten Jahren beträchtliche Veränderungen durchlaufen, darunter die Anerkennung der einzigen Gattung *Charina* für die beiden amerikanischen Arten und den Erdpython. Einige Autoren bevorzugen jedoch noch immer die getrennten Gattungen *Lichanura* und *Calabaria*. Ich wähle einen Mittelweg und erkenne *Calabaria* an, verwende aber *Charina* für die beiden amerikanischen Arten.

Rosenboa – *Charina trivirgata*

Die Rosenboa gehört zu den kleinen Boas, die gern im Terrarium gehalten werden. Ihre variable Zeichnung ist der Grund, warum im Zoohandel zahlreiche „Unterarten" erhältlich sind. Unter Taxonomen herrscht große Uneinigkeit darüber, welche Unterarten Gültigkeit besitzen. Bis zu sieben wurden vorgeschlagen, die meisten Autoren erkennen jedoch nur drei (jeweils verschiedene) davon an.

Es gibt zwei Hauptmuster der Rosenboa, gestreifte und einfarbige Tiere. Die gestreiften Exemplare weisen drei breite rote, gelbbraune, braune oder schwarze Längsstreifen auf, einen am Rücken und zwei an den Flanken, die wesentlich dunkler sind als die weiße, cremefarbene, graue, gelbe oder hellbraune Grundfarbe. Die einfarbigen Exemplare können braun, gelbgrau oder sogar rosafarben mit dunkleren Flecken sein, und häufig sind die darunter liegenden Streifen schwach sichtbar. Der Kopf ist schmal und spitz, die Augen klein und der Schwanz relativ kurz. Nur die Männchen besitzen sichtbare Aftersporne, bei Weibchen durchbrechen sie kaum die Haut. Rosenboas sind verborgen lebende, nachtaktive Schlangen, die sich langsam bewegen und auch zu kühleren Jahreszeiten aktiv sein können. In freier Natur sind sie wenig erforscht.

Verbreitung: südwestliche USA und Baja California, Mexiko
Länge: 1,0–1,5 m
Lebensraum: Gebüsche, Wüstensäume und Geröllfelder
Nahrung: kleine Säugetiere, im Terrarium auch Echsen und Jungvögel
Fortpflanzung: lebend gebärend, 1–12 Junge

Gummiboa – *Charina bottae*

Diese Art ist die Boa mit der weltweit nördlichsten Verbreitung. Man findet sie vom südlichen Kalifornien bis ins zentrale British Columbia in Kanada. Es gibt zwei Unterarten, die vielleicht sogar als getrennte Arten beschrieben werden könnten. Die kleinen Schlangen können bei kühleren Bedingungen überleben als andere Boas und kommen bis in über 3000 m Höhe vor (die Rosenboa hingegen nur bis in 2000 m Höhe). Während sehr kalter Perioden halten sie Winterruhe. Die wenig aggressiven Tiere sind einfarbig braun mit kleinem Kopf und sehr kleinen Augen. Ihre Verteidigungsstrategie ist es, zu erstarren oder sich zu einem Knäuel zusammenzurollen, bei dem der Kopf sich in der Mitte befindet und der stumpfe Schwanz als „falscher Kopf" hervorragt, während sie aus ihren Kloakendrüsen einen üblen Geruch abgeben. Gummiboas besitzen häufig Narben am Schwanz, die ihnen Fressfeinde zugefügt haben. Obwohl sie klein sind, sind sie langlebig. Im Terrarium wurden einzelne Tiere über 20 Jahre alt.

Verbreitung: westliche USA und südwestliches Kanada
Länge: 0,7–1,0 m
Lebensraum: Eichen-Kiefern-Wälder, im Hochland Grasland, Wüstensäume
Nahrung: kleine Säugetiere, Vögel, Echsen und Reptilieneier
Fortpflanzung: lebend gebärend, 1–10 Junge
Ähnliche Arten: *Eryx johnii* und *Calabaria reinhardtii*

S. 58: Die Rosenboa (*Charina trivirgata*) kann gestreift oder einfarbig sein, oft mit rötlicher Tönung, daher ihr deutscher Name.

Oben: Die kleine Gummiboa (*Charina bottae*) kommt bis ins südwestliche Kanada vor und ist somit die Boa mit der nördlichsten Verbreitung.

Unten: Kopf und Schwanz der Gummiboa sehen sehr ähnlich aus. Zur Verteidigung kann sich die Gummiboa zu einem Knäuel zusammenrollen, bei dem der stumpfe Schwanz wie ein falscher Kopf herausragt. So soll vermutlich die Aufmerksamkeit vom Kopf in der Mitte des Knäuels abgelenkt werden.

Rauschuppenboas

Mit der Ausgliederung der zentralamerikanischen Zwergboas (S. 61) aus der Familie Tropidophiidae ist die Gattung *Trachyboa* aus dem pazifischen nordwestlichen Südamerika neben der Gattung *Tropidophis* der Westindischen Inseln und Südamerikas (S. 62–63) die einzige, die in dieser kleinen Familie verbleibt. Die beiden Rauschuppenboa-Arten sind in freier Natur kaum erforscht und im Terrarium schwierig zu halten.

Rauschuppenboa – *Trachyboa boulengeri*

Rauschuppenboas sind selten, und obwohl sie mittlerweile erfolgreicher gehalten werden, weiß man über sie noch nicht viel. Sie bewohnen die Tieflandregenwälder der Choco-Region Kolumbiens und Panamas. Einige der ersten Exemplare fing man jedoch in der Nähe von Gold- und Platinminen. Ob das dafür spricht, dass sie solche Lebensräume bevorzugen oder darin begründet ist, dass sich dort Arbeiter aus dem Westen befanden, die sich für Naturkunde interessierten, ist schwer zu sagen. Die Rauschuppenboa ist eine ungewöhnliche Schlange mit rauen, gekielten Körperschuppen, einem aufgewölbten Kopf und kleinen Augen, über denen sich einige hornartige Schuppen erheben. Sie ist bräunlich mit helleren, unregelmäßigen Sattelflecken. Nur die Schwanzspitze ist gelb, was dafür sprechen könnte, dass sie damit Beute in Reichweite lockt, ein häufiges Merkmal Frösche fressender neotropischer Schlangen. Im Terrarium gehaltene Tiere verweigern jedoch die meisten Futtertiere. Sie nehmen nur Fische (Goldfische und Guppys) und gelegentlich kleine Mäuse an. Diese seltsame Boa verfällt in einen Starrezustand, wenn man sie anfasst, ungeachtet der Position, in der sie sich befindet. Es handelt sich dabei weder um das Zusammenballen zu einem Knäuel, das bei kleinen Boas vorkommt, noch um das Totstellen einiger Hakennasennattern (Colubridae) und Speikobras (Elapidae), könnte sich aber um einen Vorläufer dieser Verhaltensweisen handeln.

Verbreitung: Pazifikküste von Panama, Kolumbien und Ecuador
Länge: 0,4 m
Lebensraum: Flachlandregenwälder
Nahrung: im Terrarium Fische, manchmal kleine Mäuse
Fortpflanzung: lebend gebärend, 2–6 Junge
Ähnliche Arten: *T. gularis* von der Pazifikküste Ecuadors

Die Rauschuppenboa (*Trachyboa boulengeri*) ist eine wenig bekannte Art mit erhabenen Schuppen um die Augen.

Die Guatemala-Zwergboa (*Ungaliophis continentalis*) soll im Regenwald Epiphyten bewohnen.

Zwergboas

Drei Arten zentralamerikanischer Zwergboas, zwei Arten der Gattung *Ungaliophis* und die monotypische Oaxaca-Zwergboa (*Exiliboa plicata*), wurden früher mit den Erdboas der Westindischen Inseln in die Familie Tropidophiidae gestellt. Jüngere DNA-Analysen legen jedoch nahe, dass sie in den Rang einer eigenen Familie erhoben werden sollten.

Guatemala-Zwergboa – *Ungaliophis continentalis*

Es sind wenige Exemplare aus Chiapas im Südwesten Mexikos und aus Guatemala bekannt; zwei Exemplare wurden in Honduras gefangen. Die Grundfarbe ist hellgrau oder braun mit dunkleren Flecken und ovalen dunklen Abzeichen mit weißem Rand in zwei Reihen entlang der Wirbelsäule. Sie beginnen als Pfeil am Kopf und setzen sich bis zum Schwanz fort. Reihen kleinerer schwarzer Flecke befinden sich an den Flanken. Die Iris des Auges ist fleckig grau oder braun wie die Kopfseiten. Die kleinen Schlangen, die man in Tieflandregenwäldern und höher gelegenen Kiefernwäldern findet, sollen in Bromelien und anderen Aufsitzerpflanzen leben. Das kleinere Männchen stimuliert mit seinen Afterspornen das Weibchen und beißt ihm dann in den Schwanz, umwindet es mit seinem Hinterkörper und kopuliert. Obwohl diese Schlange klein ist, kann sie im Terrarium bis zu 17 Jahre alt werden.

Verbreitung: südliches Nicaragua bis Kolumbien
Länge: 0,4–0,6 m
Lebensraum: tropischer Regenwald im Tiefland und montane Kiefernwälder bis in 2000 m Höhe
Nahrung: unbekannt, im Terrarium gehaltene Tiere nehmen Eidechsen, Frösche und kleine Mäuse an
Fortpflanzung: lebend gebärend, 2–10 Junge
Ähnliche Arten: *U. panamensis*, Südnicaragua bis Kolumbien

Oaxaca-Zwergboa – *Exiliboa placata*

Das erste Exemplar dieser merkwürdigen, glänzend schwarzen Boa entdeckten die Herpetologen J. Stuart Rowley und Charles M. Bogert 1967 in der Sierra de Juarez in Oaxaca, Mexiko, unter einem großen Felsen auf einer Lichtung im Nebelwald. Seitdem wurden einige weitere Tiere in der Nähe der Typuslokalität gefangen, es war jedoch schwierig, sie längere Zeit im Terrarium zu halten. Deshalb ist wenig über ihre Lebensweise bekannt. Im Terrarium nehmen die Schlangen kleine Frösche an, und bei Museumsexemplaren befanden sich Frösche und Salamandereier im Verdauungstrakt. Deshalb folgerte man, dass Amphibien den Großteil ihrer Nahrung ausmachen. Oaxaca-Zwergboas kann man an ihrem einzigen großen Internasalschild von anderen neotropischen Boas unterscheiden. Diese sonst überall dunkle Schlange hat einen weißen Fleck über der Kloakenregion, ein Merkmal, das man merkwürdigerweise auch bei der kleinen, tarnfarbenen Rauschuppigen Pazifik-Inselboa (*Candoia carinata*) aus Neuguinea findet. Zur Abwehr ballt sie sich zu einem Knäuel zusammen wie andere kleine Boas.

Verbreitung: Südmexiko
Länge: 0,5 m
Lebensraum: Nebelwald in 2300 m Höhe
Nahrung: kleine Frösche und Amphibieneier
Fortpflanzung: lebend gebärend, 8–16 Junge

Die Haiti-Erdboa (*Tropidophis haitianus*) lebt auch auf Jamaika und vielleicht auch auf Kuba.

Erdboas

Die kleinen *Tropidophis*-Arten bereiteten Taxonomen lange Zeit Probleme. Oberflächlich mögen sie Nattern (Colubridae) ähneln, die meisten Arten besitzen jedoch einen rudimentären Beckengürtel und die Männchen weisen kleine Aftersporne auf, beides Merkmale der Boas. Man stellte sie daher in eine eigene Familie, die Tropidophiidae, in die auch die südamerikanische Gattung *Trachyboa* einbezogen wurde (siehe S. 60).

Die Erdboas der Westindischen Inseln bewohnen Waldland und verbergen sich in morschen Baumstämmen und Bromelien. Sie besitzen elliptische Pupillen und einen Greifschwanz. Bisher sind 20 Arten bekannt, 17 aus der Karibik und drei sehr schlecht dokumentierte Arten von abgelegenen Regionen in Ecuador, Peru und Südostbrasilien. Von den 17 Arten der Westindischen Inseln sind 13 auf Kuba und seinen Satelliteninseln endemisch. Eine ist auf den Großen Antillen (Kuba, Hispaniola und Jamaika) weit verbreitet. Auf einer der Cayman-Inseln leben zwei, auf einer anderen eine endemische Art. Die meisten der Schlangen sind sehr klein. Sie werden maximal 0,75 m lang. Nur eine Art kann die beeindruckende Länge von 1 m erreichen. Von vielen Arten sind nur wenige Exemplare bekannt, es gibt keine Beobachtungen zu ihrer Lebensweise. Einige der Inselpopulationen sind wahrscheinlich durch Lebensraumverlust und eingeführte Haustiere bedroht.

Haiti-Erdboa – *Tropidophis haitianus*

Trotz ihres Namens, den sie trägt, weil auf Hispaniola drei Unterarten vorkommen, handelt es sich um eine weit verbreitete Erdboa, die auch auf Jamaika mit drei Unterarten vertreten ist. Einen einzigen Nachweis gibt es auch von Ostkuba. Die meisten dieser Schlangen sind gelbbraun bis braun mit unregelmäßigen dunkelbraunen Flecken, einige Exemplare sind einfarbig schillernd schiefergrau. Sie bewohnen vielfältige Lebensräume, primären Regenwald und felsige Flussbetten, passen sich aber auch gut an die Umgebung menschlicher Abfälle an und begeben sich in Haufen von Kokosfasern oder unter Holzstapel. Auch findet man sie in Bromelien und in Termitennestern. Kleine Wirbeltiere sind ihre Hauptnahrung.

Die Kubanische Erdboa (*Tropidophis melanurus*) ist mit einer Länge von über 1 m die größte Art ihrer Gattung.

Verbreitung: Hispaniola, Jamaika und Kuba
Länge: 0,7 m
Lebensraum: feuchtes Waldland, Kakteengestrüppe, Grasland und felsige Gebiete
Nahrung: Nagetiere, Echsen und Frösche
Fortpflanzung: lebend gebärend, 4–9 Junge
Ähnliche Arten: *T. greenwayi*

Kubanische Erdboa – *Tropidophis melanurus*

Diese größte Art der Gattung kann etwas über 1 m lang werden. Sie ist extrem variabel gezeichnet. Die Grundfarbe variiert von Rot über Gelbbraun zu Braun oder Grau, überlagert von Tupfen, Flecken oder Längsstreifen. Vier Unterarten sind anerkannt. Eine von ihnen kommt auf ganz Kuba vor, drei jeweils in isolierten Gebieten, im äußersten Westen Kubas, auf der Ile de Juventud und auf der kleinen Insel Navassa 160 km südlich der Guantánamo Bay. Die letzte Population ist mit Sicherheit bedroht, da auf der Insel Ziegen eingeführt wurden.

Verbreitung: Kuba und Insel Navassa
Länge: 1,0 m
Lebensraum: feuchtes Waldland, Regenwald, felsige Gebiete
Nahrung: Nagetiere, Vögel, Frösche und Echsen
Fortpflanzung: lebend gebärend, 8–36 Junge
Ähnliche Arten: *T. pardalis*

Brasilianische Erdboa – *Tropidophis paucisquamis*

Keine der drei südamerikanischen *Tropidophis*-Arten ist gut bekannt, und sie kommen in weit voneinander getrennten Gebieten vor. Diese Art ist braun und orangefarben mit undeutlicher Zeichnung. Sie ist aus den Regenwäldern an der Küste von São Paulo bis Rio de Janairo und Espirito Santo nachgewiesen. Bei einem Exemplar, das in den Gebirgswäldern von Bahia gefangen wurde, könnte es sich um eine neue Art handeln.

Verbreitung: südöstliches Brasilien
Länge: 0,5 m
Lebensraum: Küstenregenwald
Nahrung: kleine Frösche und Echsen
Fortpflanzung: lebend gebärend, 5 Junge nachgewiesen
Ähnliche Arten: *T. taczanowskyi* und *T. battersbyi*

Europa und Asien

Die riesigen, zusammenhängenden Landmassen Europas und Asiens schließen weite Teile des früheren Superkontinents Laurasia ein. Indien, das ursprünglich ein Teil Gondwanas war, stieß von Süden her gegen diese Landmasse. Die Kollision des nordwärts driftenden Indiens mit Eurasien hat zur Entstehung des Gebirgszuges geführt, den wir heute als Himalaya kennen. Noch immer wird dieses Gebirge höher, doch schließlich wird sich dieser Prozess verlangsamen, zum Stillstand kommen und umkehren, wenn die Kontinentalplatten wieder auseinanderdriften.

Trotz der enormen Größe und ökologischen Vielfalt, von der Tundra mit ihren Dauerfrostböden bis hin zu den trockenen Wüsten, ist ein großer Teil Europas für die Besiedlung mit Boas und Pythons ungeeignet. Die wenigen Arten, die hier vorkommen, findet man vorwiegend in klimatisch wärmeren südlichen Randgebieten.

Einige der ursprünglicheren Schlangenfamilien, möglicherweise Vorläufer der Pythons und Boas, kommen nur in Eurasien vor. Man findet mit Ausnahme von einer alle Familien der ursprünglichen Alethinophidia (die Anomochilidae, Uropeltidae und Cylindrophiidae), ebenso mehrere der ursprünglicheren Macrostomata („Großmaulschlangen"), zum Beispiel die Erdschlangen (Xenopeltidae) und die wenig bekannten Stachelkieferschlangen (Xenophidiidae) Malaysias.

Eine – allerdings sehr kleine – Boa kommt jedoch in Europa vor, und auch nur im äußersten Südosten, in Griechenland und auf dem Balkan. Es handelt sich um eine grabende Art, die der Unterfamilie Erycinae angehört, einer vorwiegend in Afrika und Asien vertretenen Gruppe der Boidae. Mehrere Vertreter dieser Unterfamilie findet man auf der Arabischen Halbinsel im Nahen Osten bis nach Indien, und einige der Arten kommen auch in Afrika vor.

Das tropische Asien südlich und östlich des Himalayas ist das Land der Pythons, obwohl diese Familie in Australasien am vielfältigsten vertreten ist. Fünf Arten kommen in dieser Region vor, darunter zwei wirklich riesige Schlangenarten.

In der südlichen Hälfte dieser riesigen Region finden wir ganz unterschiedliche Arten, von Blindschlangen über kleine grabende Boas bis hin zu im Regenwald lebenden Pythons, die in der Lage sind, einen Leoparden zu verschlingen.

Der Borneopython (*Python breitensteini*) ist eine kräftige Art, die im Regenwald auf dem Boden lebt.

Europäische und asiatische Blindschlangen

Zwei Familien der Blindschlangen kommen in Asien vor. Die Typhlopidae sind weit stärker vertreten als die Leptotyphlopidae. Eine Art kommt sogar bis ins südöstliche Europa vor.

Schlankblindschlangen

Weniger als zehn Arten der Schlankblindschlangen kommen im westlichen Asien von der Türkei bis nach Indien vor. Die am weitesten verbreitete Art, *Leptotyphlops macrorhynchus*, bewohnt auch Nordafrika und wird im dritten Kapitel (S. 94) vorgestellt. Einige andere Arten werden als Synonyme betrachtet.

Nurses Schlankblindschlange – *Leptotyphlops nursii*

Die nach Kapitän C. G. Nurse benannte Art kommt im südlichen Saudi-Arabien und im Jemen vor, vielleicht auch in Oman. Sie ist oberseits hell grau oder rosafarben und unterseits gelblich-cremefarben. Ihre Schnauze ist gerundet, anders als bei den anderen Schlankblindschlangen in dieser Region, die hakenförmige Schnauzen haben.

Verbreitung: Arabische Halbinsel und Jemen
Länge: 0,25 m
Lebensraum: Halbwüste
Nahrung: Termiten und deren Eier und Larven
Fortpflanzung: Eier legend, Gelegegröße unbekannt
Ähnliche Arten: *L. blanfordi*

Echte Blindschlangen

Die Typhlopidae sind in Asien viel stärker vertreten als die Leptotyphlopidae. Eine Art ist sogar bis nach Südosteuropa verbreitet. Fünf Gattungen sind repräsentiert: *Cyclotyphlops deharvengi* (monotypisch), endemisch auf Sumatra, und *Cryptotyphlops acutus*, ebenfalls monotypisch, endemisch in Indien; zwei Arten der afrikanischen Gattung *Rhinotyphlops*, die in der Türkei und in Israel vorkommen; acht Arten der australasisch-asiatischen Gattung *Ramphotyphlops* und fast 60 aus der riesigen Gattung *Typhlops*. Insgesamt sind dies mehr als 70 Blindschlangenarten.

Blumentopfschlange – *Ramphotyphlops braminus*

Wenn man von einer Schlangenart behaupten kann, sie sei weltweit verbreitet, dann von dieser. Die Plättchen-Seeschlange (*Pelamis platurus*) kommt in zwei großen Ozeanen vor, diese kleine Blindschlange jedoch hat sich auf allen Kontinenten außer in der Antarktis und Europa etabliert, und es ist nicht ausgeschlossen, dass sie auch in Europa vorkommt.

Das Geheimnis ihres Erfolges verrät bereits der Name „Blumentopfschlange". Die kleine schwarze Schlange begnügt sich mit dem Boden, der die Wurzeln einer Pflanze umgibt, und wenn die Pflanze in einem Blumentopf nach Übersee transportiert wird, reist auch die Schlange mit. Der zweite Teil der Erfolgsgeschichte betrifft ihr Fortpflanzungsverhalten: Sie ist die

einzige bekannte parthenogenetische Schlangenart. Es gibt nur Weibchen – noch nie wurde ein Männchen gefunden. Wenn die Bedingungen günstig sind, legen die Weibchen fruchtbare Eier, aus denen Klone der Mutter schlüpfen. Während bei den meisten anderen Tierarten Männchen und Weibchen zusammentreffen müssen, um sich zu vermehren, bedarf es nur einer einzigen Blumentopfschlange, um eine neue Population zu gründen.

Die Blumentopfschlange, die aus Indien oder Südostasien stammt, hat sich auf Taiwan, in Indonesien und auf vielen Inseln im Pazifik etabliert, im Norden Australiens, auf Hawaii, in den USA, Mexiko und Guatemala, in ganz Afrika und auf Madagaskar sowie den meisten anderen Inseln im Indischen Ozean. Studenten an den Royal Botanic Gardens in Kew berichteten mir von einer kleinen schlangenähnlichen Kreatur im Boden, was mich nicht überraschte. Wahrscheinlich war nur die Antarktis zu schwierig zu besiedeln. Höhenlagen scheinen dagegen keine Probleme zu bereiten, denn die Schlange wurde auf Sri Lanka in 1200 m und in Guatemala in 1500 m Höhe gefunden.

Außer der Parthenogenese und der Verbreitung gibt es nicht viel mehr über die Art zu berichten als dass sie schlank, klein und glänzend schwarz ist und sich von den Eiern und Larven von Ameisen und Termiten ernährt, die sie mit ihrer winzigen, gespaltenen Zunge aufspürt.

Die Art der Gattung *Ramphotyphlops* oder *Typhlops* zuzuordnen bereitet Probleme, denn sie werden anhand von Merkmalen der männlichen Genitalien unterschieden – und die Blumentopfschlange besitzt keine männlichen Genitalien!

Verbreitung: weltweit
Länge: 0,23 m
Lebensraum: von Menschen beeinflusste Lebensräume
Nahrung: Eier und Larven von Ameisen und Termiten
Fortpflanzung: Eier legend, 1–7 Eier

Oben: Diard Blindschlange (*Typhlops diardi*) ist eine verbreitete kräftige Blindschlange der trockenen Wälder.

S. 66: Die Blumentopfschlange (*Ramphotyphlops braminus*) ist die am weitesten verbreitete Schlange der Welt. Es gibt nur Weibchen, die entwicklungsfähige Eier legen.

Diards Blindschlange – *Typhlops diardi*

Ursprünglich wurde diese Blindschlange als weit verbreitete Art mit zwei Unterarten betrachtet, eine vom Festland Südostasiens westlich bis nach Assam und eine in Malaysia und Indonesien vorkommende. Letztere wurde jedoch als *T. muelleri* in den Rang einer Art erhoben. Das Verbreitungsgebiet von *T. diardi* hat sich nach Westen hin ausgedehnt. 1992 habe ich die ersten Tiere im äußersten Westen Nepals gefunden, und heute ist die Art auch von Orissa im Nordosten Indiens bekannt. Die Schlange ist kräftig mit gerundetem Kopf und brauner Färbung; unterseits ist sie etwas heller. Sie lebt unterirdisch und kommt nur nachts an die Erdoberfläche, vor allem nach starkem Regen. Die Art ist größer als durchschnittliche Blindschlangen und kann wahrscheinlich Regenwürmer und andere weiche Wirbellose verschlingen. Die Tiere aus Nepal fand man in trockenen Wäldern des Terai (fruchtbares Tiefland) am Fuße des Himalaya.

Verbreitung: Festland Südostasiens und Nepal
Länge: 0,43 m
Lebensraum: trockene Wälder
Nahrung: weiche Insekten, deren Eier und Larven, möglicherweise Regenwürmer
Fortpflanzung: Eier legend, 4–14 Eier
Ähnliche Arten: *T. muelleri*

Blödauge – ***Typhlops vermicularis***

Die einzige nach Europa gelangte Blindschlange kommt in Griechenland und auf dem Balkan vor, auf Zypern, Kreta, Korfu und Rhodos, östlich bis nach Afghanistan und südlich bis nach Ägypten. Sie ist braun oder rosa, unterseits hellgelb. Der Körper ist sehr schlank und der Kopf gerundet.

Verbreitung: Griechenland und Balkan bis Afghanistan
Länge: 0,3–0,4 m
Lebensraum: Grasland und Küstenbuschland
Nahrung: Ameisen, deren Eier und Larven, vielleicht Spinnen und andere weiche Wirbellose
Fortpflanzung: Eier legend, 4–8 Eier

Asiatische ursprüngliche Schlangen

In der orientalischen Region kommen drei Familien ursprünglicher Alethinophidia vor, eine davon bis an die Westgrenzen der australasiatischen Region. Viele dieser Schlangen leben verborgen in der Laubstreu oder graben in der Erde und sind kaum bekannt. Andere sieht man dagegen häufiger und sie sind gut erforscht.

Wühlschlangen

Die Anomochilidae (Wühlschlangen) sind eine kaum erforschte Familie, der eine Gattung und zwei Arten in Malaysia und Indonesien angehören. Wühlschlangen können von den weiter verbreiteten und bekannteren asiatischen Walzenschlangen (Cylindrophiidae) am Fehlen einer Hautfalte unterschieden werden, die in der Mitte des Halses abwärts verläuft. Dass diese Falte fehlt, legt nahe, dass es sich um kleine Schlangen mit geringem Maulumfang handelt, die sich von lang gestreckten Tieren ernähren.

S. 68: *Typhlops vermicularis* ist die einzige Blindschlange, die in Europa vorkommt, in Griechenland und auf dem Balkan.

Unten: Von *Anomochilus leonardi* sind nur wenige Exemplare bekannt, die auf der Malaiischen Halbinsel gefunden worden sind.

Leonards Wühlschlange – *Anomochilus leonardi*

Diese Art wurde an zwei verschiedenen Orten nachgewiesen. Holotyp und Paratyp wurden in Pahang im Westen Malaysias in einer Höhe von 260 m gefunden. Außerdem sind zwei weitere Tiere aus Selangor, ebenfalls im Westen Malaysias, bekannt. Bei einem Exemplar, das aus Sabah in Nordborneo stammt, könnte es sich auch um eine noch nicht beschriebene Art handeln. Eine zweite Art, *A. weberi,* ist von Sumatra und Kalimantan, Borneo, bekannt. Wie über viele verborgen lebende, grabende Schlangen weiß man über die Lebensweise und Verbreitung wenig. Leonards Wühlschlange trägt ein gelbes Band auf dem Kopf vor den Augen, und an den Flanken erstrecken sich große gelbe Flecke. Ein auffälliger roter Fleck befindet sich unter dem Schwanz, ein häufiges Merkmal bei Wühlschlangen, die ihren Schwanz zur Verteidigung umdrehen, sodass die Farbe sichtbar und die Aufmerksamkeit vom Kopf abgelenkt wird.

Verbreitung: westliche Malaiische Halbinsel und Sabah, Borneo
Länge: 0,4 m
Lebensraum: Tieflandregenwälder
Nahrung: unbekannt, vermutlich klein und lang gestreckt
Fortpflanzung: vermutlich lebend gebärend, in einem Weibchen fand man jedoch vier weiche Eier
Ähnliche Arten: *A. weberi*

Walzenschlangen

Zehn Arten der Cylindrophiidae sind von Sri Lanka bis ins östliche Indonesien bekannt. Der Großteil des Verbreitungsgebietes in der südostasiatischen Region wird jedoch von der Rotschwanz-Walzenschlange (*Cylindrophis ruffus*) eingenommen. *Cylindrophis maculatus*, die einzige südasiatische Art der Gattung, kommt auf Sri Lanka vor und zwei kaum bekannte Arten bewohnen die Insel Borneo. Die restlichen sechs Arten kommen auf Inseln im östlichen Indonesien vor.

Walzenschlangen sind grabende Bewohner der Regenwälder und anderer tief gelegener feuchter Lebensräume. Obwohl sie dank einer Hautfalte am Hals größere Beutetiere verschlingen können als die Wühlschlangen, ernähren sie sich ebenfalls von länglicher Beute. Ihre Kiefer sind nicht so beweglich wie die höher entwickelter Schlangen, sodass die Größe der Beutetiere beschränkt ist.

Oben: Die Rotschwanz-Walzenschlange (*Cylindrophis ruffus*) ist die in Südostasien am weitesten verbreitete Walzenschlange.

Unten: Die Ceylon-Walzenschlange (*Cylindrophis maculatus*) hebt in der Verteidigungshaltung ihren Schwanz an.

Rotschwanz-Walzenschlange – *C. ruffus*

Diese Art ist in Südostasien sehr weit verbreitet, von Myanmar (Burma) im Norden bis in den Süden von Sulawesi (Indonesien) und nordöstlich bis nach Südchina. Die drehrunde Schlange mit glatten Schuppen hat eine Rückenzeichnung aus weißen bis cremefarbenen, manchmal orangefarbenen Bändern auf glänzend schwarzem Grund. Im vorderen Körperabschnitt bildet sie Halsbänder und am Schwanz, der in einem scharfen Dorn endet, ist sie leuchtend rot gefärbt. Die Körperunterseite ist schwarz und cremefarben. Die Tiere findet man in den meisten tief gelegenen feuchten Lebensräumen, entweder in der Laubstreu oder im Oberboden. Nachts kommt sie an die Oberfläche, um zu jagen. Beutetiere sind andere Schlangen, längliche Echsen, gelegentlich kleine Säugetieren und Wirbellose. Zur Verteidigung dreht die Schlange ihren abgeflachten Schwanz um und zeigt die rote Unterseite. Möglicherweise ahmt sie so den Hut einer kleinen Kobra nach oder lenkt die Aufmerksamkeit vom Kopf ab.

Verbreitung: Südostasien
Länge: 0,5–1,0 m
Lebensraum: feuchte Lebensräume im Tiefland
Nahrung: Schlangen, Wirbellose
Fortpflanzung: lebend gebärend, 3–13 Junge
Ähnliche Arten: *C. lineatus* aus Borneo

Ceylon-Walzenschlange – *Cylindrophis maculatus*

Dies ist die einzige Art der Familie, die außerhalb des indonesischen Archipels vorkommt. Sie ist wohl auch die bunteste Art der Gattung, oberseits schwarz-braun mit großen orangefarbenen Flecken, die parallel zur Wirbelsäule verlaufen. Die Flecke sind so groß, dass sie die Grundfarbe fast verdecken, außer am Kopf. Die Unterseite ist schwarz-weiß gewürfelt.

Diese Art bewohnt das zentrale Hügelland Sri Lankas bis in 1000 m Höhe, wo sie sich tagsüber unter Baumstämmen und Felsen oder in der Laubstreu verbirgt. Nachts kommt sie an die Erdoberfläche, um andere Schlangen zu jagen, unter anderen Schildschwanzschlangen (S. 71) und kleine Colubriden, außerdem schlanke Wirbellose. Sie zeigt das gleiche Abwehrverhalten wie die Rotschwanz-Walzenschlange (oben), kann sich aber sogar vollständig auf den Rücken drehen und verharrt in dieser Position, sodass der gewürfelte Bauch sichtbar ist.

Verbreitung: Sri Lanka
Länge: 0,6–0,7 m
Lebensraum: Reisfelder im Tiefland, Kulturland
Nahrung: Schlangen und Regenwürmer
Fortpflanzung: lebend gebärend, 1–15 Junge

Schildschwanzschlangen

Die Uropeltidae sind eine einzigartige südasiatische Familie, der 48 Arten in acht Gattungen angehören, darunter drei monotypische Gattungen (*Brachyophidion*, *Pseudotyphlops* und *Teretrurus*). Zwei Arten gehören zu *Platyplecturus*, drei zu *Melanophidium* und vier zu *Plecturus*. Die verbleibenden Arten gehören den Gattungen *Rhinophis* (13 Arten) und *Uropeltis* (23 Arten) an. In Südindien kommen 36 Arten vor, auf Sri Lanka 14 Arten. Schildschwanzschlangen sind grabende Schlangen. Manche Arten besitzen einen kleinen, kegelförmig zugespitzten Kopf mit einer verhornten Spitze oder einem charakteristischen Kiel, der beim Graben hilfreich ist. Die Augen dieser Arten sind extrem klein. Andere Arten haben einen gerundeteren Kopf und größere Augen. Der Körper ist kräftig, oft im Kontrast zum kleinen Kopf, und bei den meisten Arten endet der Schwanz plötzlich, als ob er schräg abgeschnitten worden sei. Er ist mit einem Schild bedeckt, der je nach Gattung unterschiedlich ausgebildet ist. Bei *Pseudotyphlops* handelt es sich um einen flachen Schild, der mit zahlreichen Stacheln besetzt ist, bei *Rhinophis* ist der Schild konvex und stachelig und bei *Uropeltis* besteht er aus Reihen stark gekielter, stacheliger Schuppen und endet in zwei Spitzen, die durch einen Grat verbunden sind. Der Schild nimmt Erde auf, die den beim Graben entstandenen Gang blockiert, sodass die Schlange von hinten geschützt ist.

Diese hoch spezialisierten grabenden Schlangen sind zwischen 0,1 m und 0,8 m lang. Trotz ihrer unterirdischen Lebensweise sind viele von ihnen bunt gemustert. Manche Arten sind häufig, von anderen kennt man nur das Typusexemplar. Sie beißen selten, sondern verteidigen sich, indem sie Kot absetzen, mit ihrem Schwanz schlagen oder drohend das Maul aufreißen. Vermutlich sind alle Schildschwanzschlangen lebend gebärend.

Unten: Der winzige Kopf von *Rhinophis homolepis* ist ideal zum Graben.

Unten rechts: Der Schwanz von *Uropeltis macrolepis* besitzt einen rauen Schild, mit dem das Tier den Bau hinter sich mit Erde verschließen kann.

Hemprichs Schildschwanzschlange – *Rhinophis homolepis*

Die Art ist auch unter dem Namen *R. trevelyanus* bekannt. *Rhinophis homolepis* hat jedoch Priorität. Es handelt sich um eine häufige Art des Hügellandes, die man oft in kleinen Kolonien in Gärten, Reisfeldern und in der Nähe von Wasserläufen findet. Die Tiere jagen in der Nacht Regenwürmer. Der Kopf ist zugespitzt, der Schwanz trägt einen runden, fleischigen Schild. Der Körper ist oberseits dunkel blaugrau, unterseits gelb. Die helle Färbung erstreckt sich in dreieckigen Bändern auf die Flanken. Der Schwanzschild ist rosafarben mit gelbem Rand.

Verbreitung: zentrales Sri Lanka
Länge: 0,2–0,3 m
Lebensraum: Reisfelder und anderes Agrarland in Wassernähe
Nahrung: Regenwürmer
Fortpflanzung: lebend gebärend, 2–4 Junge
Ähnliche Arten: *R. drummondhayi*

Großschuppiger Schildschwanz – *Uropeltis macrolepis*

Der Kopf ist leicht gerundet, die dunklen Augen sind relativ groß. Der Schwanzschild ist mit zwei- oder dreifach gekielten Schuppen bedeckt. Oberseits ist diese Art schwarz mit gelben Flecken, unterseits leuchtend gelb, und das Gelb erstreckt sich in unregelmäßigen Bändern nach oben. Zwei Unterarten sind anerkannt, beide von den alten Wäldern der nördlichen Western Ghats im Bundesstaat Maharashtra. Eine Art ist im Westen des Staates verbreitet, die andere bewohnt nur ein kleines Gebiet um Mahableshwar. Letztere trägt einen gelben Längsstreifen am Rücken. Über das Fortpflanzungsverhalten ist nichts bekannt. Vermutlich sind jedoch alle Schildschwanzschlangen lebend gebärend.

Verbreitung: Maharashtra, Westindien
Länge: 0,30–0,33 m
Lebensraum: vermutlich Reisfelder und andere Lebensräume mit lockerem Boden
Nahrung: Regenwürmer
Fortpflanzung: vermutlich lebend gebärend
Ähnliche Arten: *U. ellioti*

Asiatische Erd- und Stachelkieferschlangen

Blindschlangen und Walzenschlangen ernähren sich von kleinen Beutetieren mit weichem Körper oder länglichen Tieren. Ab der Entwicklungsstufe der hier vorgestellten Schlangen sind die Beutetiere mitunter breiter als der Kopf der Schlange und zum Beutespektrum gehören kleine Säugetiere und Vögel.

Regenbogen-Erdschlangen

Die Regenbogen-Erdschlangen sind nach dem irisierenden Schillern benannt worden, das dem eines Ölfilms auf der Wasseroberfläche ähnelt. Es ist im Tageslicht zu erkennen und ein gemeinsames Merkmal nachtaktiver Schlangen, wie der Regenbogenboa (*Epicrates cenchria*, S. 42) und des Amethystpython (*Morelia amethistina*, S. 140).

Die Regenbogen-Erdschlangen aus ganz Südostasien werden einer einzigen Art, *Xenopeltis unicolor,* zugeordnet, während Tiere aus den Provinzen an der südchinesischen Küste und auf der Insel Hainan als eine zweite Art, *X. hainanensis*, betrachtet werden. Die Arten können an Beschuppungsmerkmalen unterschieden werden (*X. unicolor* ohne Klammern, *X. hainanensis* in Klammern): Postocularia 2 (1); Supralabialia 8 (7); Ventralia mehr als 180 (weniger als 165); Paare der Subcaudalia mehr als 25 und den Schuppen an den Seiten unähnlich (weniger als 20 und den Schuppen an den Seiten ähnlich). Die Regenbogen-Erdschlangen unterscheiden sich von allen anderen Schlangen in ausreichendem Maße, dass der Rang einer eigenen Familie Xenopeltidae gerechtfertigt ist. Als nächster Verwandter gilt der Spitzkopfpython (*Loxocemus bicolor*, S. 37) aus der Familie Loxocemidae.

Regenbogen-Erdschlange – *Xenopeltis unicolor*

Die adulte Regenbogen-Erdschlange ist oberseits einfarbig hell- oder dunkelbraun. Dies wird jedoch vom Schillern der Schuppen überdeckt. Junge Schlangen weisen ein weißes Nackenband auf, das im Alter verblasst. Die Art hat große, glatte, schillernde Schuppen, einen kurzen Schwanz und einen relativ langen Kopf mit kleinen dunklen Augen. Sie kann sehr häufig sein und bewohnt Regenwälder, Monsunwälder, Gärten, Reisfelder, sumpfige Gebiete und Straßengräben, vor allem zur Monsunzeit. Sie ist eine nachtaktive Schlange, die in der Laubstreu verborgen jagt. Die Art ist sehr weit verbreitet und kommt von Myanmar und der Provinz Yunnan in China über das ganze Festland Südostasiens und auf den großen Inseln Sumatra, Java, Borneo und Sulawesi vor, sowie auch auf den Nikobaren, den Philippinen (Palawan und Sulu-Archipel) und auf den meisten der dazwischen liegenden kleineren Inseln. Sie ist friedfertig und neigt nicht zum Beißen. Zum vielfältigen Nahrungsspektrum gehören Eidechsen, andere Schlangen, Frösche, kleine Säugetiere und am Boden lebende Vögel, sie scheint jedoch eine Vorliebe für lang gestreckte Beutetiere zu haben, die nicht dicker sind als ihr eigener Körper. Sie ist nicht in der Lage, so große Beutetiere zu verschlucken wie ähnlich große Pythons.

Verbreitung: Festland und Inseln Südostasiens
Länge: 1,0–1,25 m
Lebensraum: Tieflandregenwälder, Sümpfe, Reisfelder
Nahrung: lang gestreckte Reptilien und Amphibien, einige kleine Säugetiere und Vögel
Fortpflanzung: Eier legend, 6–17 Eier
Ähnliche Arten: *X. hainanensis*

Stachelkieferschlangen

Oben: Von *Xenophidion schaeferi* sind nur zwei Exemplare bekannt, beide von der Malaiischen Halbinsel.

S. 72: Das Schillern der Regenbogen-Erdschlange (*Xenopeltis unicolor*) im Sonnenlicht erinnert an einen Ölfilm auf der Wasseroberfläche.

Die beiden beschriebenen Arten der Stachelkieferschlangen sind aus freier Natur kaum bekannt und in Museen nur durch die Typusexemplare repräsentiert. Der wissenschaftliche Name *Xenophidion* bedeutet „fremdartige Schlange" und weist auf die ungewöhnlichen Merkmale hin, die die beiden Arten charakterisieren, darunter eine spitzen Verlängerung, die sich vom Oberkiefer nach hinten erstreckt und nur beim Sezieren sichtbar ist.

Der Holotypus von *X. acanthognathus* wurde 1987 in Sabah gefangen, der von *X. schaeferi* 1988 auf der Malaiischen Halbinsel, aber erst 1995 wurden die Arten wissenschaftlich beschrieben. Frühe Studien stellten sie entweder zu den Echten Nattern (Colubridae), denen unzählige andere kleine Schlangen der Laubstreu angehören, oder zu den lateinamerikanischen Erdboas aus der Familie Tropidophiidae (S. 62–63). Nach jüngeren Untersuchungen wurde die eigenständige Familie Xenophiidae anerkannt und man vermutet, dass es sich um das Schwestertaxon der Mauritius-Boas (Bolyeriidae) handeln könnte (S. 110–111).

Die Stachelkieferschlangen haben mehrere Schädelmerkmale und das vollständige Fehlen des Beckengürtels mit den Mauritius-Boas gemein, und diese morphologischen Ähnlichkeiten in Verbindung mit ihrer Verbreitung südlich des asiatischen Festlandes veranlassten Wissenschaftler zu der Vermutung, dass beide Gruppen gemeinsame Vorfahren auf Gondwanaland gehabt haben könnten.

Da von beiden Arten dieser seltsamen Familie nur die Holotypen bekannt sind, die von unterschiedlichen, weit voneinander entfernten Landmassen stammen, wage ich zu bezweifeln, dass irgendjemand, der auf der Malaiischen Halbinsel, auf Sumatra oder Borneo im Freiland geforscht hat, kleinen, in der Laubstreu lebenden Schlangen besondere Aufmerksamkeit gewidmet hat. Zur Zeit gehören diese beiden kleinen Schlangen zu den seltensten Schlangenarten der Erde, da nur die Typusexemplare bekannt sind.

Schäfers Stachelkieferschlange – *Xenophidion schaeferi*

Der Holotypus wurde 1988 am Rand des Templer-Parks 20 km nördlich von Kuala Lumpur gefangen und 1995 wissenschaftlich beschrieben. Glücklicherweise wurde die Schlange lebend fotografiert. Sie scheint dunkelbraun zu sein und weist einen hellgrauen Zickzackstreifen mit dunkelbraunem Mittelstreifen am Rücken auf. Ungewöhnlich an der Kopfbeschuppung ist unter anderem die Körnigkeit aller sonst gewöhnlich großen Kopfschilde hinter der Nasalregion, ein Merkmal, das nicht für die Zugehörigkeit zu den Colubridae (Echte Nattern) spricht. Eine typische Echte Natter besitzt 2 Internasalia, 2 Präfrontalia, 1 Frontalium zwischen 2 Supraocularia und 2 Parietalia, und jede Abweichung von diesem Muster gilt als ungewöhnlich. Das völlige Fehlen oder die Fragmentierung in viel kleinere gekörnte Schuppen aller oder der meisten dieser Schilde ist bei den Echten Nattern extrem selten, allerdings nicht völlig unbekannt (etwa bei der neotropischen Gattung *Nothopsis*).

Es ist wahrscheinlich, dass diese kleine Schlange eine ähnliche Lebensweise aufweist wie kleine Colubridae, die ebenfalls die Laubstreu bewohnen. Im Körper des weiblichen Typusexemplars befanden sich mehrere große Eier, und die Schlange ernährte sich wahrscheinlich von Würmern und/oder Insektenlarven. Der charakteristische große Zahn vorn am Dentale könnte dazu dienen, schlüpfrige Beute festzuhalten.

Verbreitung: Malaiische Halbinsel
Länge: 0,26 m
Lebensraum: Primärregenwald
Nahrung: Würmer, Insekten und Insektenlarven
Fortpflanzung: Eier legend, im Holotypus-Exemplar fand man mehrere Eier
Ähnliche Arten: *X. acanthognathus* von Sabah, Nord-Borneo

Eurasische Sandboas

Die Boas der Alten Welt sind keine kräftigen Würgeschlangen wie viele der südamerikanischen Arten, sondern kleinere, verborgen lebende Sandboas der Unterfamilie Erycinae. Diese kurzen, gedrungenen Schlangen haben gekörnte Schuppen, einen kurzen Schwanz und einen kleinen Kopf mit sehr kleinen Augen. Sie sind in Nordafrika, dem Nahen Osten und bis nach Südasien verbreitet, eine Art kommt sogar in Südosteuropa vor. In trockener Umgebung leben sie grabend im Sand oder Erdboden. Sie lauern dort verborgen kleinen Säugetieren und Vögeln auf, schlagen zu, wenn ein Beutetier in die Nähe kommt und töten es durch Erdrosseln.

Sandboas

Manchmal werden sämtliche rezente Arten in die Gattung *Eryx* gestellt. Andere Autoren ordnen die drei ursprünglichsten Arten der Gattung *Gongylophis* zu, sodass nur acht in der Gattung *Eryx* verbleiben. Im Nahen Osten ist die Artenvielfalt am höchsten.

Gefleckte Sandboa – *Gongylophis conicus*

Diese Art ist des kräftigen Körpers und des kurzen Schwanzes wegen auffällig, die beide mit gekielten Schuppen besetzt sind. Sogar die hinteren Kopfschuppen sind rau, und die am Hinter-

körper und Schwanz sind am stärksten gekielt. Auf dem Rücken verläuft ein breites, unregelmäßiges dunkelbraunes Zickzackband auf hellbraunem oder hellgrauem Grund.

Diese Art trifft man von Nepal im Norden bis Sri Lanka im Süden an (sie ist die einzige Sandboa, die diese Insel bewohnt). Sie kommt in weiten Teilen Südasiens vor, nicht jedoch in feuchteren Lebensräumen. Zum Beutespektrum gehören kleine Säugetiere, am Boden lebende Vögel und möglicherweise Echsen. Die Art zeigt einen auffälligen Geschlechtsdimorphismus, denn Weibchen werden mehrere Male so groß wie Männchen. Diese Sandboa ähnelt anderen Arten, die weiter westlich vorkommen. In ihrem Verbreitungsgebiet wird sie jedoch häufiger mit der giftigen Kettenviper (*Daboia russelii*) verwechselt. Diese Tatsache nutzen manche Schlangenbeschwörer aus und führen ungiftige Sandboas statt tödlicher Giftschlangen vor.

Verbreitung: Südasien
Länge: 1,0 m
Lebensraum: Sandstrände und Kulturland
Nahrung: kleine Säugetiere und Vögel
Fortpflanzung: lebend gebärend, 3–16 Junge
Ähnliche Arten: Kettenviper (*Daboia russelii*)

Indische Sandboa – *Eryx johnii*

Diese Art wird etwas größer als die Gefleckte Sandboa, hat glatte Schuppen und ist meist einfarbig braun oder rot. Beide Arten kommen in trockenen Lebensräumen im selben Verbreitungsgebiet vor. *Eryx johnii* fehlt jedoch auf Sri Lanka. Sie kommt bis nach Afghanistan und in den Iran vor, wo die Population den Status einer Unterart verdienen könnte. Junge Schlangen können kleine, undeutliche schwarze Flecke tragen.

Ganz oben: Die Indische Sandboa (*Eryx johnii*) kommt von Indien bis in den Iran in trockenen Lebensräumen vor. Anders als die Gefleckte Sandboa besitzt sie glatte Schuppen.

Darunter: Der Kopf der Indischen Sandboa (*Eryx johnii*) ist spitz mit relativ kleinen Augen. Beide Eigenschaften sind Anpassungen an die grabende Lebensweise.

Links: Weibliche Gefleckte Sandboas (*Gongylophis conicus*) sind wesentlich größer als die Männchen.

In Europa lebt eine Boa! Die Westliche Sandboa (*Eryx jaculus*) kommt in Griechenland und auf dem Balkan vor.

Auch diese Art ist bei Schlangenbeschwörern beliebt und wird oft als zweiköpfige Schlange präsentiert, da ihr abgerundeter Schwanz dem Kopf ähnelt. Echte zweiköpfige Schlangen sind missgebildet und haben am selben Ende zwei Köpfe: Sie sind siamesische Zwillinge. Eine kleinere Art mit ähnlicher Zeichnung wurde in jungerer Zeit aus Südindien beschrieben: *E. whitakeri*, benannt nach dem angesehenen amerikanischen Herpetologen Rom Whitaker, der einen großen Teil seines Lebens der Herpetologie und dem Naturschutz in Indien widmete.

Verbreitung: Südasien
Länge: 1,3 m
Lebensraum: Küstenbuschland und Halbwüsten
Nahrung: kleine Säugetiere, Vögel und Echsen
Fortpflanzung: lebend gebärend, 6–8 Junge
Ähnliche Arten: *E. whitakeri*

Westliche Sandboa – *Eryx jaculus*

Die einzige europäische Boa ist auch in Afrika nördlich der Sahara, im Nahen Osten, südlich bis nach Saudi-Arabien und östlich bis in den Iran verbreitet. Im Nahen Osten und den Ländern um das Kaspische Meer kommt sie sympatrisch mit mehreren anderen Sandboa-Arten vor. Die Westliche Sandboa ist rotbraun oder graubraun mit dunklen braunen Flecken. Sie ist weniger kräftig und kürzer als die vorher beschriebenen Arten. Sie dringt bis nach Europa vor und kommt in Griechenland, auf dem Balkan, den Kykladen und auf Korfu vor. Diese Art ist kleiner als die anderen und ernährt sich auch von Wirbellosen. Drei Unterarten sind bekannt, von denen zwei in Europa leben.

Verbreitung: südöstliches Europa, Nordafrika und Naher Osten
Länge: 0,8 m
Lebensraum: Sandstrände, Kulturland und Halbwüste
Nahrung: kleine Säugetiere, Vögel, Echsen, einige Wirbellose
Fortpflanzung: lebend gebärend, 6–20 Junge
Ähnliche Arten: Zwerg-Sandboa (*E. miliaris*)

Asiatische Pythons

Im tropischen Asien kommen nur fünf Pythonarten vor, die jedoch bemerkenswert lang werden oder einen beachtlichen Körperumfang erreichen können. Leider gehören sie zu den Schlangen, die am grausamsten behandelt werden. Viele tausende werden ihrer Haut, des Fleisches oder ihrer Gallenblase wegen abgeschlachtet, obwohl sie unter internationalem Schutz stehen. Alle Arten werden gern im Terrarium gehalten.

Buntpythons

Die drei Pythonarten, die als Bunt- oder Blutpythons bekannt sind, galten lange Zeit als Unterarten des südostasiatischen Buntpython (*Python curtus*). Sie sind viel kleiner als die anderen beiden asiatischen Pythons. Diese kurzschwänzige, kräftig gebaute Schlange hat den Ruf, sehr reizbar zu sein. Viele der im Freiland gefangenen Tiere, die in den 1980er Jahren im Zoohandel erhältlich waren, wurden ihrem Namen „Blutpython" gerecht und fügten ihren Haltern mitunter ernsthafte Wunden zu. 2001 stellte man neben den morphologischen Unterschieden zwischen den drei geografischen Unterarten auch genetische Unterschiede fest, und die Anerkennung dreier eigenständiger Arten ist heute fast allgemein akzeptiert. Die molekularen Untersuchungen zeigten, dass *Python curtus* und *Python breitensteini* nahe verwandt sind und *Python brongersmai* ihr Schwestertaxon ist, wofür auch die morphologischen Eigenschaften sprechen, besonders das Vorhandensein oder Fehlen von Subocularschilden. Dieses Merkmal ist bei der Taxonomie der asiatischen Pythons wichtiger als die Größe dieser Schilde vermuten lassen würde (siehe Tigerpython, S. 81).

Man vermutet, dass ein Meeresspiegelanstieg die ursprünglichen Buntpythons in eine Population auf dem südostasiatischen Festland und eine auf Borneo geteilt hat. Es gibt die Theorie, das vor 10–20 Millionen Jahren, als das östliche Sumatra unter dem Meeresspiegel lag, eine Landbrücke zwischen Borneo und dem südlichen Sumatra existierte, über die die Vorfahren dieser Schlangen von Borneo auf die westlich gelegene Insel gelangt sein könnten. Nach einem späteren Absinken des Meeresspiegels wären Schlangen vom malaiischen Festland in der Lage gewesen, das neu aufgetauchte östliche Sumatra zu besiedeln, während die Landbrücke zwischen dem Süden Sumatras und Borneo abgebrochen zu sein schien, sodass die beiden vormals

Der Buntpython (*Python curtus*) kommt nur im westlichen und südlichen Sumatra, Indonesien, vor.

miteinander in Kontakt stehenden Populationen getrennt wurden und sich zu den beiden heutigen, nahe verwandten Arten entwickelten. Diese Theorie könnte für die Anwesenheit zweier Arten auf der Insel Sumatra sprechen, die eine zentrale Gebirgskette voneinander getrennt haben könnte. Eine Verbindung zwischen den Inseln Borneo und Sumatra wird in der Flora und Fauna der beiden Inseln sehr deutlich, nicht zuletzt auch am Vorkommen der Orang-Utans.

Alle drei Buntpythons bewohnen Tieflandregenwälder, aber auch vom Menschen geschaffene Lebensräume wie Ölpalmenplantagen. Ihr Verbreitungsgebiet scheint sein Zentrum in den tropischen Regenwaldgebieten von Malaysia, Sumatra und Borneo zu haben. Auf der trockeneren Insel Java fehlen sie und ihre Verbreitung auf der Maliischen Halbinsel scheint in Südthailand zu enden.

Python breitensteini wurde nach einem deutschen Arzt in der niederländischen ostindischen Armee benannt.

Buntpythons sind Lauerjäger, die kleine Säugetiere und am Boden lebende Vögel erbeuten. Es gibt innerhalb des Buntpython-Komplexes auffällige interspezifische und intraspezifische und sogar vom Alter abhängige Variationen in Färbung und Zeichnung. Die jeweilige Art kann meist allein aufgrund ihrer Zeichnung bestimmt werden. Es gibt jedoch Unterschiede zwischen den einzelnen Tieren derselben Population, und junge Schlangen einiger Populationen verändern ihre Zeichnung, während sie heranwachsen. Diese Variationen in Färbung und Zeichnung innerhalb einer Population sind als Polychromatismus bekannt und bei Schlangen, die als Lauerjäger leben, durchaus häufig.

1991 berichtete CITES (Convention on International Trade in Endangered Species of Wild Flora und Fauna), dass jährlich zwischen 70 000 und 200 000 Buntpythons ihrer Häute, ihres Fleisches und ihrer Gallenblasen wegen getötet werden. Diese drei Arten könnten in naher Zukunft zumindest in bestimmten Gegenden vom Aussterben bedroht sein.

Buntpython – *Python curtus*

Obwohl diese Art, die im südlichen und westlichen Sumatra und auf einigen der vorgelagerten Inseln vorkommt, der erste wissenschaftlich beschriebene „Kurzschwanzpython" („*curtus*" bedeutet „gekürzt") war, ist er der am wenigsten bekannte dieser drei Pythons. Nach dem heutigem Stand der Forschung hat er das kleinste Verbreitungsgebiet und ist auch die kleinste der drei Arten.

Python curtus ist eine dunkle Schlange, schwarz oder dunkelgrau gefärbt mit manchmal kontrastierendem Hellbraun. Der Kopf ist oft schwarz. Die Körperzeichung besteht aus schwarzen Flecken mit hellgrauem Zentrum und weißen Rändern an den Körperseiten, die von hellgrauen Zwischenräumen getrennt sind. Von *P. brongersmai*, der im Norden und Osten der Insel vorkommt, unterscheiden ihn unter anderem eine geringere Anzahl von Bauchschilden (weniger als 166) und bis zu acht kleine Subocularschilde, die den Kontakt zwischen den Supralabialschilden und den Augen selbst unterbinden. Das Vorhandensein nur eines Supraocularschildes und die Tatsache, dass die vorderen Parietalschilde oft weit getrennt sind oder einander nur leicht berühren, unterscheidet diese Art ebenfalls von den beiden anderen.

Verbreitung: Süd- und Westsumatra, Indonesien
Länge: 1,0–1,9 m
Lebensraum: Regenwald des Tieflands und Plantagen, auch vorgelagerte Inseln
Nahrung: kleinere Säugetiere und Vögel
Fortpflanzung: Eier legend, 24–46 Eier

Borneopython – *Python breitensteini*

Dieser Python wurde zu Ehren seines Sammlers benannt, einem deutschen Arzt, der Regimentsarzt in der niederländischen ostindischen Armee und außerdem ein begeisterter Erforscher der Herpetofauna Borneos war. Ursprünglich wurde dieser Python als eigene Art beschrieben, 1935 aber von der Herpetologin Olive G. Stull in ihrer Checklist of Family Boidae zu einer Unterart der älteren Art *Python curtus* herabgestuft, und das blieb er bis 2001.

Die Schlangen sind hellbraun bis gelbbraun gefärbt und weisen seitliche Flecke mit gelblichem Zentrum auf, die von hell cremefarbenen Regionen getrennt werden. Es bestehen jedoch beträchtliche Variationen zwischen einzelnen Exemplaren aus verschiedenen Regionen. Die Beschuppung entspricht größtenteils der des Buntpythons (*Python curtus*). Bei *Python breitensteini* stehen jedoch die vorderen Parietalschilde in weiterem Kontakt zueinander. Die Merkmale, die diese Art von *Python brongersmai* unterscheiden, sind unter anderem die geringere Anzahl der Bauchschilde (weniger als 166) und die Anwesenheit mehrerer Subocularschilde, die den Kontakt zwischen den Supralabialschilden und dem Auge verhindern. Das gleiche Merkmal unterscheidet auch *Python brongersmai* und *Python curtus* voneinander.

Verbreitung: Borneo (Malaysia, Brunei und Indonesien)
Länge: 1,0–1,6 m
Lebensraum: Tieflandregenwald und Kulturland in Wassernähe
Nahrung: kleine Säugetiere und Vögel
Fortpflanzung: Eier legend, 8–24 Eier

Blutpython – *Python brongersmai*

Diese Art wurde anhand eines Exemplares aus Singapur 1935 von Olive Stull beschrieben und nach Leo D. Brongersma benannt, einem niederländischen Zoologen, der für die Naturkundemuseen Leiden und London arbeitete und ganz wesentlich zu unserem Wissen über die indoaustralische Herpetofauna beigetragen hat.

Diese Art ist wahrscheinlich der am weitesten verbreitete der Buntpythons. Er kommt von Südthailand über die Malaiische Halbinsel bis nach Sumatra vor, dort zusammen mit *P. curtus*, sowie auch auf den dazwischen liegenden Inseln Bangka und Belitung, wo *P. curtus* fehlt. Während *P. curtus* in den westlichen und südlichen Regionen Sumatras verbreitet ist, kommt *P. brongersmai* im Norden und Osten vor. Ob die Arten im gleichen Gebiet nebeneinander vorkommen, wurde nicht untersucht.

Beide Arten sind vorwiegend Schlangen des Flachlandes. Die Gebirgszüge, die durch die Insel verlaufen, könnten sie daher geografisch voneinander trennen, obwohl es gelegentlich Berichte von Hybriden gibt, die in den Schlachthäusern der Schlangenhautfabriken gefunden wurden. Berichte, dass diese Art weiter nördlich auf dem Festland vorkommt, um den Golf von Thailand herum bis nach Kambodscha und Vietnam, könnten falsch sein. Findet man einige Exemplare in diesen Regionen, muss das nicht notwendigerweise bedeuten, dass dort eine natürliche Population vorkommt (siehe auch meine persönliche Beobachtung unten).

Der Kopf von *Python brongersmai* kann dunkel sein, zuweilen ist er sogar schwarz, manchmal hellt er sich zu Grau auf. Der Körper kann verschiedene Farbtöne aufweisen, von leuchtend rot bis gelblich-beigefarben mit gelber oder orangefarbener Rückenzeichnung und dunkelgrauen Flecken mit hellen Rändern an den Flanken. Manche Exemplare sind auch grau. Die leuchtend roten Tiere sind die Pythons, die den Namen „Blutpython" wirklich verdienen. Diese Schlangen können erheblich

Oben: *Python brongersmai* ist die größte und am variabelsten gezeichnete der drei Buntpython-Arten.

S. 81: Ein Tigerpython (*Python molurus molurus*) in seinem typischen Lebensraum, einem sandigen Waldgebiet in Nordindien.

länger werden als die anderen beiden Arten. Erwachsene Weibchen können bis zu 2,6 m erreichen und bis zu 22 kg schwer werden. Auch an der höheren Anzahl ihrer Bauchschilde (mehr als 167) können sie identifiziert werden. Außerdem fehlen ihnen die Subocularschilde, sodass die Supralabialschilde und das Auge in direktem, breitem Kontakt stehen, anders als bei *Python curtus*.

Verbreitung: Südthailand, Malaiische Halbinsel, Bangka und nördliches und östliches Sumatra, Indonesien

Länge: 1,5–2,6 m

Lebensraum: Regenwälder sowohl im Hochland als auch im Tiefland, Plantagen

Nahrung: kleine Säugetiere und Vögel

Fortpflanzung: Eier legend, 10–22 Eier

„Ich begleitete die thailändische Forst- und Wildpolizei bei einer Razzia in einer Fabrik, in der illegal Reptilienhäute, Fleisch und Gallenblasen umgeschlagen wurden. Wir fanden eine große Zahl an toten Schlangen und Körperteilen von Schlangen, auch einige lebende Tiere, die wir noch retten konnten. Die Wilderer, die möglicherweise vor der bevorstehenden Durchsuchung gewarnt worden waren, hatten große Säcke mit gefrorenen Schlangen über eine Mauer hinter das Gelände ins Gestrüpp geworfen, wo wir sie fanden.

In einem der Säcke, die ich untersuchte, befanden sich mehrere tote Exemplare von Python brongersmai*, einer Art, die nur von den südlichsten Provinzen Thailands auf der Malaiischen Halbinsel bekannt ist. Man berichtete mir, dass die Behörden diese Schlangen, wären sie noch am Leben gewesen, im nächstgelegenen „geeigneten" Lebensraum freigelassen hätten, statt sie mehrere hundert Kilometer in den Süden zu transportieren, wo ihr eigentliches Verbreitungsgebiet ist. Es ist jedoch keine sinnvolle Praxis, Tiere außerhalb ihres natürlichen Lebensraumes freizulassen, und wenn Exemplare außerhalb ihres bekannten Verbreitungsgebietes angetroffen werden, kann das dazu führen, dass das natürliche Vorkommen der Art von Wissenschaftlern nicht mehr eindeutig festgelegt werden kann. Beispielsweise ging man viele Jahre davon aus, dass* Python molurus bivittatus *natürlicherweise auf Borneo vorkäme. Heute glaubt man, dass diese Schlangen von Schlangenbeschwörern vom südostasiatischen Festland ausgesetzt worden oder diesen entkommen waren. Buntpythons sind für Schlangenbeschwörer vermutlich nicht geeignet, aber seit ihre Häute sehr gefragt sind, existiert wahrscheinlich einen Schwarzhandel mit lebenden Tieren."*

In der Nähe von Bangkok, Thailand

Tigerpythons

Der Tigerpython ist eine weit verbreitete süd- und südostasiatische Art und als Terrarientier sehr beliebt. Sein genaues Verbreitungsgebiet und sein taxonomischer Status sind jedoch seit mehr als 200 Jahren umstritten. Man könnte meinen, es sei einfach, die Verbreitung einer so großen Schlange festzustellen, aber da diese Art bei Schlangenbeschwörern sehr beliebt ist, ist das Auffinden eines Exemplars an einem ungewöhnlichen Ort nicht unbedingt ein Indiz für die natürliche Verbreitung.

Viele Jahre lang waren drei Unterarten anerkannt: *P. m. molurus* aus Indien, *P. m. bivittatus* aus Myanmar (Burma) und *P. m. pimbura* aus Sri Lanka. Das isolierte Vorkommen der dritten Unterart konnte jedoch nicht verhindern, dass sie als Synonym der indischen betrachtet wurde. Auch frühere Namen, wie *P. m. sondiaca* für die indonesische Population, haben heute keine Gültigkeit mehr. Dieser Name wurde zum Synonym für *P. m. bivittatus*. Zu dem Zeitpunkt, als dieses Buch geschrieben wurde, galt der Tigerpython als eine Art mit zwei Unterarten, *P. m. molurus* und *P. m. bivittatus*, die auch als Heller und Dunkler Tigerpython bezeichnet werden. Diese Bezeichnungen werden heute nicht mehr oft verwendet, und ich persönlich denke, dass diese Taxa einen jeweils eigenen Artstatus erhalten sollten.

Obwohl es sich beim Tigerpython um eine große Art handelt, die über 5 m lang werden kann, ist er nicht der längste Python Asiens. Allerdings könnte es sich um den schwersten handeln, denn er ist bei gleicher Länge viel kräftiger gebaut als der Netzpython (*P. reticulatus*).

Die Beute besteht vorwiegend aus Säugetieren, von Nagetieren über Affen bis hin zu Schweinen, Ziegen und Hirschen. Den Rekord hält ein Exemplar, das einen Leoparden tötete und verschlang. Vögel, vor allem Hausgeflügel, und Echsen bis zur Größe von Waranen wurden ebenfalls nachweislich erbeutet. Obwohl es Berichte gibt, dass Menschen erdrosselt wurden, gibt es keinen verlässlichen Bericht, dass jemals ein Mensch wirklich von einem Tigerpython verschlungen worden wäre. Fotografien von einem toten *Python molurus bivittatus*, der offensichtlich einen Mississippi-Alligator (*Alligator mississippiensis*) in den Everglades getötet und verschlungen hatte, lassen vermuten (falls die Berichte glaubwürdig sind), dass es sich um eine andere Art handelt, die sich von kleinen bis mittelgroßen Krokodilen ernährt. Damit würde dieser Python einem recht exklusiven Club mit wenigen Mitgliedern angehören, wie dem afrikanischen Felsenpython, dem Braunen Wasserpython aus Neuguinea und Nordaustralien und der Großen und der Gelben Anakonda aus Südamerika.

Weibliche Tigerpythons legen sehr viele Eier ab, manchmal über 100, und schlingen sich um sie herum, um sie zu bebrüten. Diese großen, in hohlen Bäumen oder unter Haufen von Pflanzenabfällen befindlichen Gelege wären Störungen, Fressfeinden und den Elementen in hohem Maße ausgeliefert, wenn das brütende Weibchen sie nicht schützen würde.

Der Tigerpython ist durch die Bejagung der Haut, des Fleisches und der Gallenblasen wegen in weiten Teilen seines Verbreitungsgebietes bedroht und wird darüber hinaus aus Ignoranz aktiv verfolgt. In Pakistan und Bangladesh ist er selten,

und sogar in Indien, wo er geschützt ist und auf Sri Lanka, wo die buddhistische Tradition sinnloses Töten verbietet, ist er gefährdet. Auch die Tigerpython-Populationen in Indochina, Südchina und Indonesien sind stark bedroht. Die Erde ist für große Schlangen, die sich nicht so leicht verstecken können wie ihre kleineren Verwandten, zu einem gefährlichen Pflaster geworden.

Oben: Am Kopf des Indischen Tigerpython (*Python molurus molurus*) kann man beobachten, dass das sechste Supralabialschild das Auge berührt.

Rechts: Ein Burmesischer Tigerpython (*Python molurus bivittatus*) in seinem typischen Lebensraum im Nordosten Indiens.

Indischer Tigerpython – *Python molurus molurus*

Der Indische Tigerpython war bei indischen Schlangenbeschwörern sehr beliebt, und es gibt zahlreiche Postkarten aus dem 19. und frühen 20. Jahrhundert, die Fakire mit diesen Riesenschlangen zeigen. Heute sind sowohl die Schlangenbeschwörung als auch der Besitz von Pythons in Indien illegal. Die Aneignung oder das Töten eines Pythons können mit einer Gefängnisstrafe von bis zu einem Jahr bestraft werden. Dennoch werden diese Schlangen noch immer verfolgt, entweder vorsätzlich oder aus Ignoranz.

Python molurus molurus ist eine schwere Schlange mit hellgrauer bis graubrauner Grundfarbe, die eine Rückenzeichnung aus großen, unregelmäßigen kastanienbraunen Flecken mit gelbbraunem oder beigebraunem Rand und entlang der Flanken Flecke mit heller Mitte und dunklem Rand aufweist. Der Kopf ist hellbraun mit hellbraunen Streifen, die über der Schnauze beginnen und sich als breite Streifen mit hellbrauner Mitte über die Augen erstrecken und zum Mundwinkel hin auslaufen. Ein schmalerer und kürzerer Streifen verläuft senkrecht direkt unter dem Auge zu den Lippen. Die Rückenzeichnung erstreckt sich als brauner Pfeil nach vorn bis auf den Kopf und verblasst, bevor sie auf einer Höhe mit den Augen ist, sodass der vordere Kopf oben einfarbig ist. Ein wichtiges Merkmal dieser Unterart ist das Fehlen aller Subocularschilde, sodass ein Kontakt zwischen dem 6. und/oder 7. Supralabialschild und dem Auge besteht. Es handelt sich beim Tigerpython um eine große Art, die in Indien über 7 m lang werden kann. Exemplare aus Sri Lanka sind dagegen meist kleiner und werden nur bis zu 6 m lang.

Verbreitung: Indien, Pakistan und Sri Lanka
Länge: 3,0–7,6 m
Lebensraum: verschieden, besonders trockener Wald
Nahrung: Säugetiere, von Nagetieren bis hin zu Hirschen
Fortpflanzung: Eier legend, 30 bis über 100 Eier

Burmesischer Tigerpython – *Python molurus bivittatus*

Diese Unterart, die früher als Dunkler Tigerpython bekannt war, kommt auf dem gesamten Festland Südostasiens von Vietnam und Kambodscha bis nach Myanmar (Burma) vor. Ihr Verbreitungsgebiet erstreckt sich jedoch nicht weit auf die Malaiische Halbinsel. Im Westteil Malaysias fehlt sie. Im Osten erstreckt sich das Verbreitungsgebiet nach Südchina, wo dieser Tigerpython von Yunnan bis Fujian vorkommt, einschließlich der Inseln Hongkong und Hainan, jedoch nicht auf Taiwan, wie

frühere Autoren behaupteten. Im Nordwesten findet man ihn bis nach Nordostindien, auch in den sieben Staaten im Nordosten von Bangladesh, darunter Assam. Dieser große Python kommt nicht auf der Malaiischen Halbinsel südlich des Isthmus von Kra vor, auch nicht auf Borneo. Exemplare, die in diesen Regionen gefunden werden, stellen sich oft als entkommene oder freigelassene Tiere von Schlangenbeschwörern heraus. Berichte von Sumatra sind generell zweifelhaft, obwohl es möglich ist, dass der Python im äußersten Süden der Insel vorkommt. Bekannt ist sein Vorkommen auf den trockeneren Inseln Java und Sumbawa, aber nicht auf den dazwischen liegenden Inseln Bali und Lombok.

Das Typusexemplar soll von Java stammen. Dies bedeutet, dass die indonesische Population den Namen *Python m. bivittatus* behalten würde, wenn diese als eigene Art von der Festlandform abgetrennt werden würde und ein neuer Name für die Population in Indochina nötig wäre. Dieses disjunkte Verbreitungsmuster – das Vorkommen auf dem Festland Südostasiens, das Fehlen auf der Halbinsel, auf Sumatra und Borneo, das Vorkommen auf Java – findet man auch bei anderen Schlangen. Am auffälligsten ist es bei der medizinisch bedeutenden hochgiftigen Kettenviper (*Daboia russelii*) sowie der Malayen-Grubenotter (*Calloselasma rhodostoma*). Frühere Hinweise auf ein Vorkommen auf Sulawesi sind ebenfalls zweifelhaft, obwohl mehrere Autoren darüber berichten.

Viele Jahre lang glaubte man, Assam im Nordosten Indiens sei die westlichste Verbreitungsgrenze von *Python m. bivittatus*, und der gesamte indische Subkontinent, von Pakistan bis Bengalen, von Nepal bis Sri Lanka, würde von *Python m. molurus* bewohnt werden. 1992 fand ich jedoch drei Pythons im westlichen Nepal, die eindeutig Exemplare von *P. m. bivittatus* waren, sodass sich das Verbreitungsgebiet 700 km nach Westen ausdehnt (siehe persönliche Beobachtung unten). Später ist diese Art im Jim-Corbett-Nationalpark in Indien entdeckt worden, der sich sogar noch weiter westlich befindet als meine Fundorte. Es scheint nun wahrscheinlich, dass diese indochinesische Form entlang des feuchten Gangestales bis in den Norden der trockeneren Lebenräume von *P. m. molurus* vorkommt, der das Dekkanhochland bewohnt.

Python m. bivittatus kann von *P. m. molurus* durch eine Kombination der folgenden Merkmale unterschieden werden: Die Körperzeichnung ist ähnlich und besteht aus großen, unregelmäßigen Sattelflecken oder Flecken, die durch gelbe Felder getrennt sind, und kleineren Flecken mit heller Mitte an den Flanken. Die Grundfarbe tendiert zu Braun, nicht zu Hellgrau wie bei der indischen Unterart. Außerdem ist der braune Pfeil oben am Kopf deutlich zu erkennen und erstreckt sich ganz bis zur Schnauze.

Der wichtigste Unterschied ist das Vorhandensein von einem oder zwei Subocularschilden, die die 6. und 7. Supralabialschilde vom Auge trennen. Das ist ein wichtiges Merkmal, das auch herangezogen wurde, um zwei Kladen innerhalb des Buntpython-Komplexes zu definieren (S. 77). Es könnte hier ebenso wichtig sein, um zu trennen, was ich für zwei verschiedene

Arten halte. Ich glaube, dass man die indische Population von *Python m. bivittatus* abgesehen von den morphologischen Unterschieden auch aufgrund ihrer Lebensraumpräferenzen von den nördlichen Populationen von *P. m. molurus* trennen könnte. Ich habe den Eindruck, dass in Gebieten, wo beide Formen in relativer Nähe zueinander vorkommen, *Python molurus molurus* in trockenen Wäldern auf sandigem Substrat zu finden ist, während *Python molurus bivittatus* das feuchte Grasland in Flussnähe bewohnt. Wenn diese Theorie wahr ist, würde ich davon ausgehen, dass die beiden Formen an unterschiedliche Lebensräume angepasst sind und daher Artstatus verdienen würden.

Diese Pythons werden schon lange gern in Terrarien gehalten. Es wird berichtet, dass sie im Tower von London unter König Heinrich VIII (1507–1547) gezüchtet wurden, und auch heute noch sind sie sehr beliebt. Es gibt den Trend, ungewöhnliche Farbvarianten zu züchten, und die beliebteste ist der Albino- oder Goldpython. Gelegentlich trifft man in abgelegenen Teilen des südostasiatischen Festlandes immer noch auf ungewöhnliche Farbformen.

Verbreitung: Indochina, Nordosten Indiens, Nepal und Java (Indonesien)

Länge: 3,0–7,0 m

Lebensraum: verschiedene, besonders feuchte Wälder und Grasland in Gewässernähe

Nahrung: Säugetiere, von Nagetieren bis hin zu Hirschen

Fortpflanzung: Eier legend, 30 bis über 100 Eier

S. 84: Kopf eines Burmesischen Tigerpythons (*Python molurus bivittatus*) aus Nepal, bei dem der Subocularschild den Kontakt zwischen dem sechsten Supralabialschild und dem Auge verhindert.

Oben: Eine Fährte von *Python molurus molurus* im Keoladeo-Nationalpark in Nordindien. Der Autor folgte der Fährte und fand mehrere Pythons, die sich in der Nähe von Stachelschweinbauen aufhielten.

Unten: Der Autor (rechts) und sein Team im Westen Nepals mit einem 4,4 m langen Exemplar von *Python m. bivittatus*, einem der ersten drei Exemplare aus diesem Gebiet – der bis dahin westlichste Nachweis.

„Als ich an der zweiten von drei Expeditionen in den Royal Bardia National Park (1991–1992) teilnahm, der in den Wäldern des Terai im Süden Nepals liegt, erregten drei Pythons, die wir innerhalb von 24 Stunden entdeckten, meine Aufmerksamkeit. Mein Team und ich untersuchten alle drei Tiere, und wir waren sehr überrascht über unsere Funde.

Alle drei Schlangen waren Weibchen. Das erste war 2,95 m lang und wies Verletzungen auf, die wahrscheinlich vom Angriff eines Leoparden stammten. Wir ritten auf den Rücken von Elefanten, weil es in diesem Gebiet eine große Tigerpopulation gibt. Den Python entdeckten wir in einem seichten Teich unter einem umgestürzten Baum.

Das zweite, 3,84 m lange Tier fingen wir in einem Treibholzhaufen, kurz oberhalb des Flusses Karnali. Die dritte, 4,42 m lange Schlange entdeckten wir in einem hohlen Baum am Ufer. Alle drei Pythons, die wir später wieder freiließen, hatten eine gelbbraune Grundfarbe und den vollständigen Pfeil auf dem Kopf, den Python molurus bivittatus *aufweist, und alle drei besaßen Subocularschilde. Ich hatte erwartet,* Python m. molurus *zu finden, und entdeckte stattdessen* Python m. bivittatus, *700 km westlich seines bekannten Verbreitungsgebietes."*

Royal Bardia-Nationalpark, Westnepal

„Wir drehten einen Film über das Verhalten von Tigerpythons bei der Nahrungssuche in den Indischen Staaten Assam, Chattisgarh, Madhya Pradesh und Rajasthan. Tigerpythons stehen in Indien unter Schutz, und wenn man Tiere fangen will, braucht man eine Lizenz von der Naturschutzbehörde – und ich bekam die Lizenz Nr. 1!

Wir fanden mehrere Tigerpython-Exemplare in verschiedenen Lebensräumen. In Assam fingen wir zwei eindeutig bestimmbare Python m. bivittatus, *ein kleines Männchen und ein 5,25 m langes Weibchen, beide im hohen Elefantengras auf dem Überschwemmungsgebiet des Flusses, und ein weiteres Exemplar im Garumara-Nationalpark.*

In Chattisgarh entdeckten wir einen Python m. molurus, *der sich tief in eine Felsspalte verkrochen hatte. Im Keoladeo-Nationalpark in Rajasthan jedoch fanden wir die höchste Populationsdichte von Pythons in Indien vor. In diesem früheren Jagdgebiet, das heute ein Naturschutzgebiet und Wasservogelreservat ist, gibt es eine erstaunlich große Kolonie von* Python m. molurus, *die sicher den Titel „Hauptstadt der Pythons" verdient hätte. Indiens bekanntester Pythonexperte, Dr. S. Bhupathy, der paradoxerweise nicht berechtigt ist, seine geschützten Studienobjekte auch nur zu berühren, hat dieser faszinierenden Kolonie viel Zeit gewidmet. Die Tiere leben in ausgedehnten Komplexen von Säugetierbauen in den trockenen Dornwäldern auf sandigem Boden."*

Nord- und Nordostindien

Der Burmesische Tigerpython, *Python molurus bivittatus*, wird gern als Terrarientier gehalten. Halter sollten jedoch bedenken, dass er fast 7,0 m lang werden und Hirsche töten kann.

Netzpython

Der Netzpython hält den Rekord, was die größte Körperlänge aller Schlangen betrifft. Es gibt historische Berichte von 9–10 m langen Giganten, und heute sind regelmäßig 7 m lange Exemplare auf den Titelbildern von Zeitungen abgebildet. Dennoch erreicht diese relativ schlanke Art nicht den Körperumfang anderer Riesen wie der Großen Anakonda (*Eunectes murinus*), des afrikanischen Felsenpython (*Python sebae*) und des asiatischen Tigerpython (*P. molurus*).

Netzpython – *Python reticulatus*

Dieser Python ist in einem riesigen Gebiet verbreitet, auf dem gesamten Festland Südostasiens mit Ausnahme Südchinas, südöstlich über den indomalaiischen Archipel von den Nikobaren und Mentawai-Inseln im Norden und Westen Sumatras bis hin zu den Kleinen Sundainseln, den Tanimbar-Inseln und den Molukken im Süden und Südwesten Neuguineas. Im äußersten Südosten des Verbreitungsgebietes kommt der Netzpython sympatrisch mit einigen der australasiatischen Pythons vor, vor allem den Wasserpythons aus dem *Liasis-mackloti-fuscus*-Komplex (S. 122), dem Timorpython (*Python timoriensis*, S. 147) und verschiedenen Angehörigen des *Morelia-amethistina*-Komplexes (S. 139). Der Netzpython ist der einzige Python, der nachweislich auf den Philippinen vorkommt, laut Verbreitungskarten nördlich bis Luzon. Wir haben ihn jedoch auch auf der abgelegenen Insel Itbayat der nördlichen Batan-Inseln gefunden. Das ist der nördlichste Nachweis der Art.

Netzpythons sind hervorragende Erstbesiedler, die Wasserstraßen zwischen Inselgruppen leicht überqueren können. Ein Netzpython war die erste Schlange auf der Insel Krakatau, nur 22 Jahre nachdem bei dem Vulkanausbruch 1883 alles Leben ausgelöscht worden war. Er hat die Insel zweifellos entweder von Sumatra oder von Java aus erreicht. Netzpythons sind von Meeresspiegelhöhe bis in über 1500 m Höhe nachgewiesen worden. Ihr Lebensraum ist Primärregenwald oder Monsunwald. Plantagen, Sümpfe und Kulturland werden jedoch ebenfalls von ihnen besiedelt, bevorzugt Gebiete in Gewässernähe.

Die maximale Größe dieser Art scheint abhängig von ihrem Heimatgebiet zu sein. Die größten Exemplare stammen aus Südosten des Verbreitungsgebietes, von Sulawesi in Indonesien. Auf anderen Inseln leben Zwergpopulationen, wie das für Inseln mit limitierteren Ressourcen zu erwarten ist. Während dieses Buch entstand, wurden in der wissenschaftlichen Literatur zwei Inselpopulationen als Unterarten beschrieben.*

Die Inseln Selayar und Tanahjampea liegen 60 km voneinander entfernt im Süden von Sulawesi, aber trotz der geringen Entfernungen sind diese Inseln wegen der vorherrschenden Meeresströmungen in solchem Maße isoliert, dass die beschriebenen Unterarten, *Python reticulatus saputrai* und *P. r. jampeanus*, sich sowohl morphologisch als auch genetisch voneinander und auch von den Netzpythons Sulawesis und der Kleinen Sundainseln unterscheiden. Alle anderen Populationen der Netzpythons, von Assam bis zur Tanimbar-Inselgruppe, gelten noch als die Nominatform *Python r. reticulatus*, aber es bestehen kaum Zweifel, dass sich dies ändern wird, wenn zusätzliche voneinander isolierte Populationen erkannt und beschrieben werden.

Netzpythons sind nach ihrem charakteristischen netzartigen Muster in Braun-, Grau- und Gelbtönen benannt. Es besteht aus einem aufgebrochenen zickzackförmigen Rückenstreifen mit parallelen Reihen heller, dunkel eingefasster Flecke auf den Flanken. Bei manchen Populationen ist der lange Kopf lebhaft gelb, und diese Farbe wird durch eine schwarze Linie betont, die durch die Mitte der Kopfoberseite verläuft, während bei anderen Tieren Kopf- und Körperzeichnung blasser gefärbt sind. Während sich die Körpergestalten des afrikanischen Felsenpython und des asiatischen Tigerpython ähneln, erinnert die des Netzpython mit seinem langen Kopf und dem schlanken Körperbau eher an einige australasiatische Pythons, namentlich den Amethystpyton-Komplex und den Oenpelli- und den Timorpython. Möglicherweise sind ein schlankerer Körperbau und ein langer Kopf vorteilhafter für einen Inseln bewohnenden Python als der schwere Körper der Felsen- und Tigerpythons. Netzpythons sind hervorragende Schwimmer.

Der bevorzugte Lebensraum ist der Regenwald, aber Netzpythons findet man in den meisten Habitaten ihres Verbreitungsgebietes, man sieht sie sogar im Meer schwimmen. Jungtiere sind in hohem Maße baumbewohnend, sie jagen wahrscheinlich und schlafen sicherlich in der Höhe. Man findet frisch geschlüpfte Junge bis hin zu 2 m langen Jungtieren oft auf Ästen, die über dem Wasser hängen, ein Verhalten, das ich in Thailand höchst interessant fand. Es ist wahrscheinlich, dass die größeren, schwereren adulten Tiere zunehmend mehr zu

Oben: Der am weitesten verbreitete Python Asiens, der Netzpython (*Python reticulatus*), kann bis zu 10 m lang werden.

Rechts: Der Autor entdeckte diesen jungen Netzpython, der auf einem Ast über tiefem Wasser ruhte. Die Schlangen lassen sich ins Wasser fallen, wenn Gefahr droht.

Oben: Ein großer Netzpython (*Python reticulatus*) kann große Beute töten und verschlingen, gelegentlich sogar Menschen.

Rechts: Über eine halbe Million Netzpython-Häute werden jedes Jahr auf Borneo und Sumatra erbeutet, sodass die Art zumindest lokal vom Aussterben bedroht ist.

einer Lebensweise auf dem Erdboden übergehen, wo sie Beutetiere in ihrer bevorzugten Größe finden.

Die bevorzugte Beute ist erwartungsgemäß von der Größe der Schlange abhängig. Jungtiere ernähren sich vorwiegend von kleinen Säugetieren wie Nagetieren. Mit 3–4 m Länge verlagert sich das Beutespektrum hin zu größeren Säugetieren wie Schuppentieren und Stachenlschweinen, die die Pythons natürlich mit dem Kopf voran verschlingen, Affen, Wildschweinen, Ziegen, kleineren Hirschen und Dorfhunden sowie einigen kleineren Raubtieren wie Zibetkatzen. Frank Buck, der berühmte Tierfänger der 30er Jahre des 20. Jahrhunderts, dessen Leitsatz, „bring sie lebend zurück!", lautete, fotografierte einen Netzpython, der gerade einen Tiger umschlungen hatte, und erzählte davon, wie ein anderer einen Leoparden erdrosselt und verschlungen hatte. Es gibt auch einen jüngeren wissenschaftlichen Bericht von 2005, wo das Verschlingen eines ausgewachsenen Malaienbären-Weibchens auf Borneo detailliert geschildet worden ist. Natürlich ist der Tigerpython auch eine der wenigen Schlangenarten, von der bekannt ist, dass sie auch Menschen erbeutet (S. 28). Sowohl für junge als auch für erwachsene Tiere sind verschiedene Vögel, Hühner und anderes Hausgeflügel eine bevorzugte Beute. Ausgewachsene Schlangen erbeuten gelegentlich auch Warane.

Weibchen legen je nach Größe von 50 bis weit über 100 Eier, die zwischen 65 und 105 Tage bebrütet werden. Die Jungtiere sind 0,5 bis 0,6 m lang. Der Nachwuchs von Zwergpopulationen auf Inseln ist wesentlich kleiner.

Netzpythons sind durch das CITES-Übereinkommen (Convention on International Trade in Endangered Species of Wild Flora und Fauna) geschützt wie alle übrigen Pythons auch. Diese Gesetze sollen jedoch vor allem den grenzübergreifenden internationalen Handel von wilden Tieren und den aus ihnen hergestellten Produkten kontrollieren. Eine große Zahl von Netzpythons wird jedoch innerhalb der Landesgrenzen der Häute, des Fleisches und der Gallenblase wegen erlegt. 1991 schätzte CITES, dass jedes Jahr allein auf den Inseln Sumatra und Borneo bis zu eine halbe Million Netzpythons getötet werden.

* Auliya, M., P. Mausfeld, A. Schmitz & W. Böhme (2002): Review of the reticulated python (*Python reticulatus* Schneider, 1801) with the description of new subspecies from Indonesia. Naturwissenschaften 89: 201–213.

Verbreitung: Südostasien, von Assam bis in den Osten Indonesiens und auf die Philippinen

Länge: 6,0–10 m

Lebensraum: die unterschiedlichsten Lebensräume, besonders Regenwald

Nahrung: Säugetiere von Nagetieren bis hin zu Hirschen; Vögel und Echsen

Fortpflanzung: Eier legend, 50–124 Eier

„Während wir in Thailand einen Film drehten, fand ich 13 Netzpythons an zwei unterschiedlichen Orten. Einen, ein 3 m langes Tier mit Verletzungen, die von einem Kampf mit einem Leoparden oder einem ähnlichen Raubtier zu stammen schienen, entdeckten wir im Inneren eines umgestürzten Baumes am Fluss Phetchaburi an der Grenze zwischen Thailand und Myanmar. Die anderen 1–2 m langen Exemplare fanden wir jedoch interessanter. Vier entdeckten wir ebenfalls am Fluss Phetchaburi, die anderen entlang des mit Mangroven gesäumten Lo-Po-Wasserlaufs auf Tarutao vor der Südküste. Diese kleinen Pythons ruhten oder schliefen auf dünnen Ästen in 2–15 m Höhe über dem Fluss oder Wasserlauf. Wurde der Ast, auf dem sie ruhten, bewegt, zeigten sie ein typisches Fluchtverhalten: Sie ließen sich ins Wasser fallen. Bald konnten wir dieses Verhalten zu unserem Vorteil nutzen. Ein Kollege schüttelte den Baum, während ich darunter wartete, um die Schlange fangen zu können. Dieses Fluchtverhalten findet man bei Schlangen häufig, eine Frage blieb jedoch offen: Alle Pythons, die wir entdecken konnten, hatten sich über tiefem Wasser niedergelassen – am Regenwaldfluss Phetchaburi, der nicht von den Gezeiten beeinflusst wird, ruhten sie über tieferen Stellen, nicht über seichten. Am von den Gezeiten beeinflussten Lo-Po-Wasserlauf befanden sie sich ebenfalls über tieferen Bereichen. Auch für ein Tier mit guten Augen ist es schwierig, die Tiefe des Wassers bei Flut einzuschätzen, erst recht für einen Python, der mehrere Meter über der Wasseroberfläche ruht. Ich frage mich, woher die Schlangen wussten, wo sie ruhen konnten, um notfalls ins genügend tiefe Wasser entkommen zu können.“

Kaeng-Krachan-Nationalpark & Tarutao, Thailand

Afrika und Indischer Ozean

Afrika südlich der Sahara ist das Land der Pythons. Vier Arten der Pythonidae kommen in den südlichen beiden Dritteln des Kontinents vor. Zwei davon sind riesige Schlangen, die große Säugetiere töten und verschlingen können, gelegentlich sogar Menschen. Pythons findet man in den meisten Lebensräumen, von Grasland und steinigem Hügelland bis hin zu Regenwäldern und Küstenwäldern. In extrem trockenen Wüstengebieten fehlen sie jedoch. In den trockeneren Regionen Nord- und Ostafrikas kommen nur die grabenden Sandboas (Unterfamilie Erycinae) vor, die Verwandte in Indien, dem Nahen Osten und in Südosteuropa haben.

In West- und Zentralafrika lebt eine merkwürdige kleine Schlange, der Erdpython, der Regenwälder und Plantagen bewohnt. Sowohl die echten Blindschlangen als auch die Schlankblindschlangen sind im ganzen Afrika südlich der Sahara verbreitet, und die Schlankblindschlangen findet man auch im Norden und Osten.

Obwohl Afrika Python-Land ist, fehlen Pythons auf Madagaskar, der viertgrößten Insel der Erde. Wie Afrika und Indien war Madagaskar ein Teil des nordwärts driftenden Gondwanalandes, aber anders als die anderen beiden Landmassen kollidierte es nie mit Laurasia. Deswegen sind seine Flora und Fauna nie von denen Laurasias beeinflusst worden. Statt der höheren Affen Afrikas leben auf Madagaskar noch Lemuren und statt der Echsenfamilie der Agamen (Agamidae) kommt auf Madagaskar die Familie der Madagaskar- beziehungsweise Glattkopfleguane (Opluridae) vor, die mit den Leguanen Südamerikas verwandt ist. Und schließlich gibt es auf Madagaskar statt Pythons drei Boas, die eine Schwestergruppe der Boas Südamerikas darstellen. Madagaskar ist gleichsam ein Bild dessen, wie Afrika heute aussehen könnte, wenn es keinen Kontakt mit Eurasien gehabt hätte, sodass Tier- und Pflanzenarten aus diesem Erdteil einwandern konnten.

Schließlich ist (oder war) die Insel Round Island oder Île Ronde mitten im Indischen Ozean das Zuhause zweier Arten sehr ursprünglicher Boas, die einer eigenen Familie angehören, den Bolyeriiae. Eine dieser einzigartigen Arten ist während der letzten 40 Jahre wahrscheinlich bereits ausgestorben.

Der kleine und wenig aggressive Königspython (*Python regius*), auch Ballpython genannt, ist bei Schlangenhaltern die beliebteste Art unter den Pythons und Boas. Aufgrund dieser Tatsache ist sein Bestand in Westafrika bedroht.

Afrikanische Blindschlangen

Mit den Typhlopidae und den Leptotyphlopidae kommen zwei Blindschlangenfamilien in Afrika und auf den Inseln im Indischen Ozean vor, denen jeweils fast gleich viele Arten angehören. In Afrika gibt es auch zahlreiche beinlose Skink-Gattungen vor, mit denen diese Schlangen leicht zu verwechseln sind.

Schlankblindschlangen

40 Arten von Schlankblindschlangen sind aus Afrika und von den Inseln im Indischen Ozean bekannt. 39 gehören der Gattung *Leptotyphlops* an und eine ist die monotypische *Rhinoleptus koniagui* aus dem Senegal und Guinea. Eine Schlankblindschlangenart kommt von Nordafrika über den Nahen Osten bis nach Pakistan vor. Eine andere westafrikanische Art lebt auch auf der Insel Fernando Póo vor Kamerun und auf Pemba vor Tansania gibt es eine endemische Art. Auf Sokotra am Horn von Afrika kommen drei weitere Endemiten vor. Schlankblindschlangen sind sehr hell und werden häufig mit Regenwürmern verwechselt.

S. 95: Bibrons Blindschlange (*Typhlops bibroni*). Man beachte den Dorn am Schwanzende, der die Fortbewegung in der Erde erleichtert.

Unten: Die Langnasige Schlankblindschlange (*Leptotyphlops macrorhynchus*) demonstriert vor einer Münze in Landeswährung (Oman) ihre geringe Größe.

Langnasige Schlankblindschlange – *Leptotyphlops macrorhynchus*

Dies ist eine weit verbreitete Art, die in allen Saharaländern vorkommt und über den Nahen Osten bis nach Afghanistan und Pakistan verbreitet ist. Die schlanke Schlange besitzt einen Rostralschild an der Schnauze, den sie zum Graben einsetzt, und ist trotz ihrer weiten Verbreitung nicht gut erforscht. Sie besitzt 14 Schuppenreihen in der Körpermitte und ist somit sehr schlank. Oberseits ist sie hell rotbraun und unterseits weißlich gefärbt. Zu ihren bevorzugten Lebensräumen gehören Akaziengestrüppe und die Wurzeln von Savannengräsern.

Verbreitung: Nordafrika bis Pakistan
Länge: 0,22–0,24 m
Lebensraum: Halbwüsten und trockene Savannendickichte
Nahrung: Termiten und deren Eier und Larven
Fortpflanzung: Eier legend, 2–4 Eier

Langschwanz-Schlankblindschlange – L. longicaudus

Diese Art, die von der Küste Kenias bis Transvaal in Südafrika und Swasiland vorkommt, besitzt einen wesentlich längeren Schwanz als die meisten anderen Arten der Gattung und unterscheidet sich von *Leptotyphlops macrorhynchus* darin, dass ihre Schnauze gerundet ist. Sie lebt in weicherem Substrat als ihre Verwandten der trockenen Habitate. Diese rotbraun gefärbte Art bevorzugt Lebensräume an der Küste. Sie wird von anderen Schlangen erbeutet, darunter Tausendfüßerfresser (*Aparallactus* sp.), und sogar von Skorpionen. Sie kann mit einigen der schlanken, grabenden beinlosen Skinke verwechselt werden.

Verbreitung: Ost- und Südafrika
Länge: 0,12–0,25 m
Lebensraum: feuchte Savannen und Küstenwälder
Nahrung: Termiten und deren Eier und Larven
Fortpflanzung: Eier legend, 2–4 Eier
Ähnliche Arten: beinlose Skinke der Gattung *Melanoseps*

Echte Blindschlangen

Es gibt in Afrika etwa 46 Arten von Echten Blindschlangen. 21 Arten gehören der Gattung *Typhlops* und 25 der Gattung *Rhinotyphlops* an. Zusätzlich kommen zwei endemische *Rhinotyphlops*- und eine endemische *Typhlops*-Art auf São Tomé und Principe im Golf von Guinea vor, während auf Madagaskar im Indischen Ozean acht *Typhlops-Arten* und die endemische monotypische *Xenotyphlops grandidieri* vorkommen, von der nur zwei Exemplare bekannt sind. Auf Mauritius, den Komoren und auf Sokotra weit im Norden zwischen dem Jemen und dem Horn von Afrika lebt jeweils eine endemische *Typhlops*-Art.

Der Hauptunterschied zwischen den Gattungen ist der breite Rostralschild von *Rhinotyphlops*, der meist nach vorn und unten ragt und beim Graben eingesetzt wird. Die Schnauze der *Typhlops*-Arten ist gerundeter. *Rhinotyphlops* ist in erster Linie eine afrikanische Gattung. Nur zwei Arten kommen außerhalb der Region vor, von Israel bis in die Türkei, während *Typhlops* in Asien, Amerika und im Pazifik vertreten ist. Es ist wahrscheinlich, dass das schaufelförmige Rostrale von *Rhinotyphlops* sich entwickelt hat, damit die Schlange im ausgetrockneten Boden und Sand graben kann, während *Typhlops* feuchten tropischen Waldboden bevorzugt. Alle Blindschlangen sieht man selten. Nachts kommen sie nach heftigem Regen oft an die Oberfläche.

Bibrons Blindschlange – *Typhlops bibroni*

Diese Art kommt von Transvaal bis Kwa Zulu Natal in Südafrika vor, eine andere Population an der Grenze von Simbabwe und Mosambik im Norden. Es ist eine relativ untersetzte Art mit über 30 Schuppenreihen um den Körper, oberseits dunkelbraun, unterseits heller gefärbt. Weibchen legen bis zu 14 Eier und bewachen sie, bis die Jungen schlüpfen. Obwohl sie völlig harmlos ist, kann diese Art ihres relativ kräftigen Körperbaus wegen mit der gefährlicheren Bibrons Erdviper (*Atractaspis bibroni*) verwechselt werden, oder, was unangenehmer ist, die Erdviper kann für eine Blindschlange gehalten werden.

Rhinotyphlops lalandei ernährt sich von Termiten und wird selbst von anderen Schlangen erbeutet.

Verbreitung: östlicher Teil des südlichen Afrika
Länge: 0,30–0,48 m
Lebensraum: feuchte Savanne, Küstenwälder und Grasland
Nahrung: Termiten und deren Eier und Larven
Fortpflanzung: Eier legend, 5–14 Eier
Ähnliche Arten: *Atractaspis bibroni* oder *T. fornasinii*

De Lalandes Blindschlange – *Rhinotyphlops lalandei*

Dies ist eine extrem schlanke Blindschlangenart mit 26–28 Schuppenreihen um den, aber mehr als 300 Reihen entlang des Körpers. Sie ist rosafarben bis schiefergrau und jede Schuppe ist am Rand aufgehellt, sodass ein gewürfeltes Muster entsteht. Die Art ist in einem breiten Band von Simbabwe und dem Osten Botswanas im südlichen Afrika bis zum Kap und nördlich bis Namaqualand verbreitet, mit isolierten Verbreitungsgebieten in Namibia. Wie andere Blindschlangen ihrer Größe ernährt sie sich von Termiten und deren Eiern und Larven und wird selbst von der kleinen, giftigen Gefleckten Harlekinschlange (*Homoroselaps lacteus*) erbeutet.

Verbreitung: zentrales südliches Afrika
Länge: 0,25–0,35 m
Lebensraum: Savanne, Küstenbuschland und Halbwüste
Nahrung: Termiten und deren Eier und Larven
Fortpflanzung: Eier legend, 2–4 Eier
Ähnliche Arten: *R. schinzi*

Schlegels Blindschlange – *Rhinotyphlops schlegeli*

Diese Art ist für eine Blindschlange recht groß. Sie kann bis 1 m lang werden und einen Durchmesser von 3 cm erreichen (Daumendicke), wie mittelgroße Nattern und Giftnattern. Sie ist mit Sicherheit die größte Blindschlange Afrikas und vielleicht die größte der Erde. Die glänzenden, glatten Schuppen, der kurze stumpfe Schwanz, die schützende Schnauze und die winzigen, auf kleine pigmentierte Felder reduzierten Augen unter durchsichtigen Schuppen machen die Bestimmung einfach. Die Zeichnung kann im Verbreitungsgebiet stark variieren, von dunklen Schuppenrändern, die ein netzartiges Muster hervorru-

Oben: *Rhinotyphlops schlegeli* ist eine der größten Blindschlangen Afrikas, vielleicht sogar der Erde.

Unten: Am Kopf von *Rhinotyphlops schlegeli* sind große Rostralschilde zum Graben und die winzigen Augen zu erkennen.

fen, bis zu verstreuten Flecken schwarzer oder brauner Schuppen auf weißem oder hell blaugrauem Grund. Vier Unterarten sind bekannt: eine aus Äthiopien bis Somalia, eine aus Transvaal und Südmosambik, eine aus Tansania, Simbabwe und dem südlichen Zentral-Mosambik sowie die nördlichste aus Namibia und Botswana. Einige Autoren betrachten sie als eigene Arten.

Adulte Weibchen legen bis zu 60 Eier und nehmen wahrscheinlich unterschiedlichere Wirbellose auf als ihre kleineren Verwandten. Weil sie groß ist, steht diese Blindschlange weit oben auf der Beuteliste vieler der südafrikanischen ophiopagen (Schlangen fressenden) Schlangen, etwa der Purpurglanzschlangen (*Ambylodipsas*). Man sieht sie selten an der Oberfläche. Sie gräbt sich meist tief ein und kommt nur nach heftigem Regen hervor. Ich glaube, dass sie die einzige Blindschlange ist, die ich je überfahren auf der Straße gesehen habe.

Verbreitung: tropisches Afrika
Länge: 0,6–1,0 m
Lebensraum: Küstenwälder, feuchte Savanne
Nahrung: Termiten und deren Eier und Larven
Fortpflanzung: Eier legend, 12–60 Eier
Ähnliche Arten: Bibrons Erdviper (*Atractaspis bibroni*)

Afrikanische Boas

Boas werden meist nicht mit Afrika in Verbindung gebracht, und auf dem Festland leben keine großen Arten, die mit denen in Nord- und Südamerika vergleichbar sind. Dennoch gibt es relativ kleine grabende Boas im Norden des Kontinents, die nahe mit denen im Nahen Osten und in Südasien verwandt sind.

Sandboas und Erdpython

Sandboas sind kurze, kräftige Schlangen mit kleinen gekörnten Schuppen, kurzem Schwanz, kleinem Kopf und sehr kleinen Augen. Sie leben vorwiegend grabend im Sand oder Erdboden trockener Lebensräume wie Wüsten, Halbwüsten oder trockenem Grasland und erbeuten kleine Wirbeltiere, denen sie auflauern und die sie dann erdrosseln. Manche Autoren stellen alle Sandboas in die Gattung *Eryx*. Die Gattung *Gongylophis* bleibt so auf ursprüngliche, längst ausgestorbene Arten beschränkt. Andere Autoren rechnen drei Arten (zwei afrikanische, eine asiatische) zu *Gongylophis*. Akzeptiert man das, verbleiben acht Arten in *Eryx*. *Eryx* ist eine vorwiegend im Nahen Osten und Asien verbreitete Gattung, zu der nur eine Art des östlichen Mittelmeerraumes gehört, die auch in Nordafrika vorkommt (*E. jaculus*), außerdem eine, eventuell zwei endemische afrikanische Arten vom Horn von Afrika. Nicht alle afrikanischen Boas be-

Die Ägyptische Sandboa (*Gongylophis colubrinus*) ist von Ägypten bis nach Tansania weit verbreitet.

wohnen trockene Wüsten oder Savannen – der Erdpython kommt in den Regenwäldern und Plantagen Westafrikas vor.

Ägyptische Sandboa – *Gongylophis colubrinus*

Die Ägyptische Sandboa ist eine der am besten bekannten Sandboas und wird gern im Terrarium gehalten. Schlangenhalter kennen meist zwei Unterarten, *Gongylophus c. colubrinus* aus Ägypten und vom Sudan westlich bis Niger, und *G. c. loveridgei* aus Kenia, dem Norden Tansanias und dem Horn von Afrika. Die Gültigkeit der Unterarten wird jedoch heute angezweifelt.

Die Grundfarbe ist unterseits weiß und oberseits orangefarben oder hellbraun. Am Rücken befinden sich unregelmäßige dunkelbraune Flecke, die bei einigen Exemplaren fast verschmelzen, sodass die Grundfarbe nicht mehr sichtbar ist. Diese stark pigmentierte Form, die früher als Unterart galt, betrachtet man heute nur als Farbvariation. Der Körper ist sehr kräftig, der Schwanz kurz, der Kopf leicht spitz, der Hals nicht zu erkennen.

Die Sandboas kommen von Meeresspiegelhöhe bis in 1500 m Höhe in unterschiedlichen trockenen Lebensräumen vor. Wo der Boden zu hart ist, um sich zu vergraben, bewohnen sie kleine Säugetierbaue oder den lockeren Sand trockener Flussbetten. Jungtiere lauern Echsen auf, während adulte Schlangen kleine Säugetiere und am Boden lebende Vögel jagen. Obwohl sie völlig harmlos sind, sind Sandboas bei der Bevölkerung gefürchtet. Man glaubt, dass ihr Biss tötet, bevor das Opfer sieben Schritte laufen kann. Vielleicht rührt das daher, dass man sie mit der hochgiftigen Sandrasselotter (*Echis pyramidium*) verwechseln kann. Wie bei vielen Sandboas sind adulte Weibchen doppelt so lang und mehrere Male so schwer wie Männchen.

Verbreitung: Ostafrika
Länge: 0,5–0,9 m
Lebensraum: Wüste, Halbwüste und trockene Savanne
Nahrung: kleine Säugetiere, Echsen, gelegentlich Vögel
Fortpflanzung: lebend gebärend, 4–20 Junge
Ähnliche Arten: *G. muelleri*, Sandrasselotter (*Echis pyramidium*)

Somali-Sandboa – *Eryx somalicus*

Die Somali-Sandboa, die 1939 beschrieben wurde, ist eine der seltensten und am wenigsten erforschten Arten. Nur sieben Exemplare existieren in Museen. Die braune Schlange hat große Kopfschuppen und weniger Schuppenreihen in der Körpermitte als die weiter verbreitetet *G. colubrinus*. Sie bewohnt das trockene Zentrum der Somali-Halbinsel bis in eine Höhe von 1050 m, wo die andere Art nicht nachgewiesen ist. 2005 wurde eine weitere Art beschrieben, *E. borrii* aus Somalia, aber die Verwandtschaft mit *E. somalicus* wurde nicht untersucht.

Verbreitung: Somalia, Dschibouti und Äthiopien, möglicherweise westlich bis Zentralafrikanische Republik
Länge: 0,4 m
Lebensraum: spärlich bewachsenes Wald- und Grasland
Nahrung: vor allem kleine Säugetiere
Fortpflanzung: vermutlich lebend gebärend
Ähnliche Arten: *E. jaculus*

Erdpython – *Calabaria reinhardtii*

Die Verwandtschaftsbeziehungen dieser merkwürdigen Art sind schwer zu ermitteln. Ursprünglich wurde der Erdpython in die Gattung *Eryx* (Sandboas) gestellt, doch dann wurde er in eine eigene Gattung (*Calabaria*) überführt, die nach der Region in Nigeria benannt ist, in der er häufig vorkommt. Er wurde zunächst zu den Pythonidae gestellt und in jüngerer Zeit dann als einzige nicht amerikanische Art in die Gattung *Charina* (Rosen- und Gummiboas).

Die Ähnlichkeit des Erdpython mit der amerikanischen Gummiboa ist unverkennbar: Beide sind drehrund, mit kurzem, rundem Kopf und Schwanz, winzigen Augen und der Angewohnheit, sich zur Verteidigung zu einem Knäuel zusammenzuballen, sodass der Kopf sich geschützt in der Mitte befindet und der kopfähnliche Schwanz zur Ablenkung herausragt. Es scheint sehr wahrscheinlich, dass diese merkwürdige Schlange wirklich den Erycinae angehört. Ich bevorzuge es jedoch, die Gattung *Calabaria* beizubehalten. Die Gründe sind die große geografische Entfernung, die diese westafrikanische Art von den Rosen- und Gummiboas der amerikanischen Westküste trennt, und die Tatsache, dass der Erdpython ovipar ist, was für Boas sehr untypisch ist. Dieses Merkmal ist der Grund, dass die Art Erdpython genannt wurde, nicht Erdboa, obwohl es weltweit keine anderen Pythons gibt, die ihr in der Gestalt des Körpers ähneln. Auch die Eier ähneln den ovalen Eiern anderer Pythons nicht. Sie sind extrem lang gestreckt und viermal so lang wie breit. Damit erinnern sie eher an Erdnüsse als an Schlangeneier.

Der Erdpython unterscheidet sich auch von allen übrigen Mitgliedern der Erycinae, da er Regenwald oder ähnliche dicht bewachsene Lebensräume gegenüber trockenem Waldland oder Halbwüsten bevorzugt. Er kommt in den dichter bewachsenen Gebieten im Süden der trockenen Regionen von Sierra Leone bis in den Kongo vor, wo auch die Sahara-Sandboa, *Gongylophis muelleri*, verbreitet ist.

Die Schlange ist braun mit eingestreuten roten oder orangefarbenen Schuppen und trägt weiße Bänder an der Unterseite von Schwanz und Kehle. Deshalb können Kopf und Schwanzende verwechselt werden. In dieser Hinsicht ähnelt sie den Walzenschlangen (*Cylindrophis*) Südostasiens. Diese Art ist unter allen afrikanischen Schlangen wahrhaft die unafrikanischste. Ihre Beute sind vermutlich die Jungen kleiner Säugetiere, die sie in deren unterirdischen Bauen jagt. Selten sieht man sie an der Erdoberfläche, höchstens nachts oder am frühen Morgen nach starkem Regen.

Verbreitung: Westafrika
Länge: 0,6–1,0 m
Lebensraum: Regenwald und Plantagen
Nahrung: kleine Säugetiere
Fortpflanzung: Eier legend, 1–4 Eier
Ähnliche Arten: Gummiboa (*Charina bottae*) und Walzenschlangen (*Cylindrophis*-Arten)

„Ich habe nur zwei Exemplare gefangen, beide am frühen Morgen auf einer Straße, die durch eine Ölpalmenplantage führte. Die Straße hatte tiefe Fahrrinnen, aus denen Schlangen schwer entkommen konnten, wenn sie hineingefallen waren. Deshalb hielt ich nachts und in den frühen Morgenstunden nach Schlangen Ausschau. Ich fing so einige interessante Exemplare, darunter die der giftigen Erdvipern Atractaspis corpulenta *und* A. reticulatus, *sowie zwei Erdpythons."*

Plantagen am Rand des Korup-Nationalpark, westliches Kamerun

Der Erdpython (*Calabaria reinhardtii*) unterscheidet sich von den Boas dadurch, dass er Eier legt.

Afrikanische Pythons

Auf dem riesigen afrikanischen Kontinent kommen nur vier Python-Arten vor, zwei kleine und zwei große. Während Sandboas den Norden und Osten Afrikas dominieren, sind es im Westen und Süden die Pythons. Es gibt jedoch Regionen, wo Vertreter beider Familien sympatrisch vorkommen.

Kleine Pythons

Die kleinen Arten kommen in den Savannen und Baumsteppen West- und Zentralafrikas vor. Der Königspython ist wahrscheinlich nach der amerikanischen Kornnatter (*Pantherophis guttatus*) die Schlangenart, die als Haustier am beliebtesten ist. Der Angola-Python steht unter Schutz und wird oft übersehen.

Königspython – *Python regius*

Der Königspython wird gelegentlich auch Ballpython genannt, denn er hat die Angewohnheit, sich zu einem Knäuel zusammenzurollen, wenn er sich bedroht fühlt. Der Kopf befindet sich in der Mitte der Körperschlingen, wo er geschützt ist. Davon abgesehen kann sich dieser Python kaum verteidigen. Er beißt selten, und das ist wahrscheinlich ein Grund, warum er so gern als Haustier gehalten wird. Im späten 20. Jahrhundert wurden zehntausende dieser Schlangen aus Westafrika nach Europa und in die USA exportiert. Der Handel gefährdete das Überleben der Art ernsthaft, zumindest lokal. Die gefangenen Schlangen kamen oft krank und mit Parasiten befallen an, verweigerten die Nahrung und hungerten sich 12 bis 15 Monate lang zu Tode. In meinen Jahren im Safari-Park brachte man mir Dutzende von Königspythons, die bei ihren Besitzern keine Nahrung aufnahmen, und einige verweigerten auch bei mir das Fressen. Aber diese Situation hat sich geändert und der Königspython scheint die Hausschlange des 21. Jahrunderts zu werden. In freier Natur wird er glücklicherweise nicht mehr aus diesem Grund ausgerottet wird (siehe unten).

Oft hält man den Königspython für eine Regenwaldart. In Wahrheit bewohnt er jedoch häufiger feuchte oder trockene Savannen oder Baumsteppen als echten tropischen Regenwald.

Dieser attraktiv gemusterte Königspython (*Python regius*) trägt die für Tiere des Freilands typische Zeichnung.

Oben: Die einzige Whitesmoke-Züchtung des Königspythons weltweit (zur Zeit der Entstehung dieses Buches). Einige der selteneren Züchtungen werden für 20 000 bis 30 000 $ angeboten!

Links: Eine Züchtung des Königspythons (*Python regius*) mit hohem Gelbanteil. Zuchtformen sind oft beliebter als die Wildform.

Er ist weit verbreitet, vom Senegal in Westafrika nach Osten bis in den Sudan, nach Uganda und Kenia.

Königspythons bewegen sich relativ langsam und geradlinigen, sodass sie mehr an größere, schwerere Pythons oder an die Puffotter (*Bitis arietans*) erinnern. Sie leben am Boden, können aber niedrige Büsche und Baume emporklettern, um in Spalten oder Höhlen nach Beute zu suchen, die vorwiegend aus kleinen Säugetieren besteht. Sie dringen in Gebäude ein, vor allem in Dachstühle und Speicher, und auch in Säugetierbaue, wo sie tagsüber ruhen. Königspythons werden nicht nur für den Zoohandel gefangen, sondern auch ihrer Häute wegen gejagt oder von der lokalen Bevölkerung aus Angst getötet. Dabei hilft es ihnen leider wenig, wenn sie sich zu einem Knäuel zusammenrollen.

Verbreitung: Zentral- und Westafrika
Länge: 1,0–1,5 m
Lebensraum: trockene oder feuchte Savanne und Baumsteppe
Nahrung: kleine Säugetiere, gelegentlich Vögel
Fortpflanzung: Eier legend, 4–10 Eier

Züchtungen, Mutationen und Farbformen des Königspython

Nach der Kornnatter (*Pantherophis guttatus*) ist der Königspython wahrscheinlich die Schlangenart, die als Haustier am beliebtesten ist. Ein ganzes Zuchtgewerbe ist um diese Schlange entstanden, sodass zahlreiche Mutationen und Farbformen mit Namen wie „Super Cinnamon“, „Desert Ghost“, „Woma lesser Platinum“ und hunderte anderer erstaunlicher Schöpfungen entstanden sind. Viele Bücher sind über die Pflege und die Zucht dieser einzigen Schlangenart geschrieben worden, und obwohl ein normaler Wildform-Python um die 80 $ kostet, werden einige dieser gezüchteten Formen für 20 000 bis 30 000 $ gehandelt.

Der Python, der wegen seiner geringen Größe und seiner geringen Aggressivität zu einem beliebten Haustier geworden ist, wird aus diesem Grund kaum mehr in freier Natur gefangen. Heute bevorzugen sowohl Hobby-Schlangenhalter als auch professionelle Reptilienhalter im Terrarium gezüchtete, garantiert fressende Farbformen und der Markt für Wildfänge, die normal gezeichnet sind, ist fast eingebrochen. In der Vergangenheit wurden tausende von Wildfängen aus westafrikanischen Ländern für den Zoohandel exportiert. Die Schlangen stammten angeblich von in den Herkunftsländern gezüchteten Tieren ab. Oft waren es aber Wildfänge oder der Nachwuchs von tragenden Weibchen, die gefangen worden waren. Dass heute die Züchtungen so beliebt sind, hat hoffentlich zur Folge, dass die Populationen in freier Natur nicht mehr weiter dezimiert werden, ähnlich wie die Zucht tropischer Fische die Aquaristik verändert hat.

Angola-Python – *Python anchietae*

Diese Art ist der afrikanische Python mit dem kleinsten Verbreitungsgebiet. Man findet ihn nur im südlichen Angola und im nördlichen und zentralen Namibia, wo er vollständigen Schutz genießt. Man glaubt, dass er am nächsten mit dem nördlicheren Königspython (*Python regius*) verwandt ist. Seine Zeichnung ist stärker fragmentiert als die seines Verwandten. Auf rotbraunem Grund trägt er am Rücken und an den Seiten zahlreiche hellbraune Flecke mit dunklem Rand. Der Kopf ist rotbraun mit

Oben: Der Angola-Python (*Python anchietae*) ist eine seltene und geschützte Art, die in Angola und Namibia vorkommt.

S. 105: Ein junger Felsenpython (*Python sebae*). Dieser Python ist die größte Schlange Afrikas.

ähnlichen dunkel eingefassten hellen Streifen, die von der Schnauze durch den oberen Teil des Auges bis zum Hinterkopf verlaufen. Das Muster und die Kopfform erinnern stark an einige der rötlicheren australischen Teppichpythons (*Morelia spilota*, S. 131). Wie andere Pythons ist diese Art nachtaktiv und rollt sich wie der Königspython zu einem Knäuel zusammen, wenn sie sich bedroht fühlt. Die meisten Autoren beschreiben diese Art als eher sanftmütig. Das einzige Terrarienexemplar, dem ich in begegnet bin, war jedoch ziemlich aggressiv. Da es sich um eine kleine Art handelt, kann sie aber nicht sehr gefährlich werden. Ihre Beute besteht aus in der Wüste lebenden Säugetieren und am Boden brütenden Vögeln, die gefangen und erdrosselt werden. Der Angola-Python ist nirgendwo häufig. Entdeckt man ihn dennoch, sollte man ihn nicht einfangen, sondern sich mit Fotos zufrieden geben.

Verbreitung: südliches Angola und nördliches Namibia
Länge: 1,3–1,8 m
Lebensraum: Flüsse begleitendes Buschland, Karoo und Halbwüste
Nahrung: Vögel und kleine Säugetiere
Fortpflanzung: Eier legend, 4–5 Eier

Felsenpythons

Auf jedem tropischen Kontinent kommen ein oder zwei große Riesenschlangen-Arten vor, wie in Afrika die Felsenpythons. Ursprünglich war der Felsenpython eine einzige Art mit zwei Unterarten, aber der Unterschied zwischen den beiden war ausreichend, um sie als getrennte Arten anzuerkennen.

Die Felsenpythons sind oft aggressiv, und große Exemplare können nicht nur leicht einen erwachsenen Menschen töten, sondern es gibt auch mehrere Fälle, in denen sie nachweislich Menschen verschlungen haben (siehe S. 27). Der afrikanische Felsenpython steht eher im Ruf, dieses Verhalten zu zeigen als die riesige Große Anakonda (*Eunectes murinus*) aus Südamerika, von der solche Fälle kaum bekannt sind, oder sogar als der asiatische Netzpython (*Python reticulatus*), von dem belegt ist, dass er gelegentlich Menschen erbeutet.

Dennoch ist es der Mensch, der umgekehrt für das Überleben dieser riesigen Schlangen die größere Gefahr darstellt. Große afrikanische Pythons sind wegen ihrer oft terrestrischen Lebensweise (im Gegensatz zu den meist im Wasser lebenden Anakondas) im offenen oder nur spärlich mit Vegetation bewachsenem Gelände leicht zu verfolgen, anders als der südostasiatische Netzpython, der meist in bewaldeten Lebensräumen vorkommt. In Afrika werden Pythons aus Furcht, ihrer Häute und ihres Fleischen wegen oder nur zum Spaß getötet. Jäger reisen weite Strecken an, um die Tiere zu erlegen.

Nördlicher Felsenpython – *Python sebae*

Diese Art kommt vom Senegal im Westen bis in den südlichen Sudan und Äthiopien im Osten sowie im Süden und Südwesten im Kongo und in Angola vor. In diesem Verbreitungsgebiet bewohnt sie die meisten Lebensräume, von Halbwüsten und trockenen Savannen bis zu tropischen Regenwäldern und Plantagen, vor allem in der Nähe von Flüssen, Seen und Sümpfen. Der Nördliche Felsenpython kann von seinem südöstlichen Verwandten durch die vergrößerten Schilde auf dem Kopf unterschieden werden (bei der anderen Art sind sie kleiner und stärker gekörnt). Die Zeichnung an Kopf und Körper ist außerdem heller und kontrastreicher. Das Grundmuster ist ähnlich, mit unregelmäßigen dunkelbraunen, gelbbraun gesäumten Sattelflecken sowie Flecken auf heller braunem Grund. Auf dem Kopf befindet sich ein scharf abgegrenztes pfeilförmiges Abzeichen mit heller, längs verlaufender Mittellinie.

Es ist nicht bekannt, wie lang der Nördliche Felsenpython maximal werden kann. 7,5 m erreicht er mit Sicherheit, und es gibt unbestätigte Berichte von einem 9,8 m langen Exemplar, das 1932 an der Elfenbeinküste getötet wurde. Er ist somit eine der drei längsten Schlangenarten der Erde.

Die Art ist meist nacht- oder dämmerungsaktiv, lebt am Boden, aber auch im Wasser und in Bäumen. Sie kann ihre Beute mit enormer Kraft erdrosseln und schleicht sich oft an sie heran. Manchmal lauert sie in seichtem Wasser und schlägt ähnlich wie ein Krokolil zu, wenn ahnungslose Tiere zum Trin-

Oben: Der Nördliche Felsenpython (*Python sebae*) kann vom Südlichen Felsenpython (*P. natalensis*) daran unterschieden werden, dass auf dem Kopf größere Schilde vorhanden sind.

S. 107: Der Südliche Felsenpython ist ursprünglich nur als Unterart des Felsenpython betrachtet worden.

ken kommen. Jungtiere erbeuten kleine Säugetiere und Vögel, Echsen und Frösche, adulte können kleine Antilopen und größere Vögel verschlingen. Einige Tiere, die nachweislich zum Beutespektrum gehören, sind recht beeindruckend, wie Warane, Dorfhunde, Hausziegen, Wildschweine, mittelgroße Antilopen (etwa Impalas von bis zu 59 kg), Stachelschweine, Krokodile und gelegentlich Menschen. Nach einer großen Mahlzeit ist der Python selbst schutzlos. Dann haben wilde Hunde, Hyänen und Menschen die Gelegenheit, den Spieß umzudrehen.

Große Weibchen legen zahlreiche Eier in einem Termitenhügel oder Säugetierbau ab und legen sich um sie herum, um sie etwa 90 Tage lang zu bebrüten. Während dieser Zeit verlässt das Weibchen ab und zu die Eier, um sich zu sonnen. Es verteidigt auch die geschlüpften Jungen – große Weibchen haben schon Mitglieder unseres Teams gejagt, die ihrem Brutplatz zu nahe gekommen sind. Gereizte Pythons erheben und rollen oft ihre Schwanzspitze, und das sollte als Warnung verstanden werden, besonders, wenn es von einem Zischen begleitet ist.

Verbreitung: Zentral- und Westafrika
Länge: 4,0–7,5 m
Lebensraum: Regenwald, Küstenwald, Savanne, Baumsteppe, Halbwüste, Sümpfe, Seen und Flüsse
Nahrung: Jungtiere fressen kleine Säugetiere und Vögel, Adulte große Säugetiere wie Antilopen
Fortpflanzung: Eier legend, 16–100 Eier
Ähnliche Arten: Tigerpython (*P. molurus*)

Südlicher Felsenpython – *Python natalensis*

Dieser Felsenpython kommt vom Süden Kenias und Tansanias bis nach Simbabwe vor, im Westen bis Namibia und im Süden bis Südafrika und Natal. Er bewohnt ähnliche Lebensräume wie sein nördlicher Verwandter, von dem er sich durch die stärkere Fragmentierung der Kopfschilde und die weniger kontrastreiche Zeichnung unterscheidet. Er wird nicht so groß wie der Nördliche Felsenpython und auch seine Beute ist etwas kleiner. Er erbeutet jedoch auch Antilopen, und es ist ein Fall bekannt, bei dem ein Mensch getötet wurde. Berichten zufolge konnten im Terrarium gehaltene Exemplare 2,5 Jahre lang fasten und 27 Jahre alt werden.

Die südlichste Population bewohnt die Küste von Natal, wo die Art jetzt wegen ihrer Seltenheit unter Schutz steht. Eine Population kam bis um 1920 am Ostkap vor. Ob noch Tiere in dieser Region leben, ist unbekannt.

Menschen fürchten die Pythons und töten sie oft, wenn sie ihnen begegnen. Diese Schlangen sind jedoch wichtige Räuber kleiner Säugetiere, die andernfalls wertvolle Nahrungsvorräte vertilgen würden, und sollten geschützt werden. 1980 setzte die Südafrikanische Armee sogar als Haustiere gehaltene Pythons ein, um eine Klippschliefer-Plage an der Grenze zwischen Botswana und Simbabwe zu bekämpfen. Gleichzeitig machte sie in der Presse darauf aufmerksam, dass Pythons schützenswert sind und nicht aus der Natur entnommen werden sollten.

Verbreitung: südliches Kenia bis Südafrika und Namibia
Länge: 3,5–5,8 m
Lebensraum: Küstenwald, Savanne, Baumsteppe, Halbwüste, Sümpfe, Seen und Flüsse
Nahrung: Jungtiere fressen kleine Säugetiere und Vögel, Adulte große Säugetiere wie Antilopen
Fortpflanzung: Eier legend, 30–50 Eier

Boas des Indischen Ozeans

Pythons sind auf dem afrikanischen Festland die dominanten Riesenschlangen – die Inseln im Indischen Ozean sind jedoch Boa-Land. Madagaskar ist ein Teil des ehemaligen Gondwanalandes und kollidierte nie mit Eurasien. Die Boas hier ähneln im Aussehen den südamerikanischen. Die Île Ronde vor Mauritius hingegen ist in herpetologischer Hinsicht eine wahrhaftige Zeitkapsel.

Madagaskar-Boas

Die Insel Madagaskar, 400 km östlich vor Mosambik gelegen, ist nach Grönland, Neuguinea und Borneo die viertgrößte Insel der Erde. Ihr Durchmesser beträgt ungefähr 1600 km beziehungsweise 570 km und die Oberfläche über 586000 km^2. Sie war ein Teil des riesigen südlichen Superkontinents Gondwana, der in Afrika, Indien, Australien, Südamerika und Antarktika auseinanderbrach. Anders als Afrika und Indien stand Madagaskar nie mit dem nördlichen Superkontinent Laurasia in Verbindung, und niemals wanderten aus Eurasien Affen, Agamen oder Pythons nach Madagaskar ein.

Madagaskar weist in Bezug auf die Zusammensetzung seiner Fauna verschiedene Elemente Gondwanas auf, unter anderem drei Boa-Arten. Diese wurden zusammen mit der südamerikanischen *Boa constrictor* in die Gattung *Boa* gestellt, obwohl eine Art größere Ähnlichkeit zu den neotropischen Hundskopfboas (*Corallus*) aufweist. Diese Ähnlichkeit könnte auf konvergenter Evolution beruhen und nicht in naher Verwandtschaft begründet sein, wofür auch spricht, dass die Madagaskar-Boas eine niedrigere Chromosomenzahl aufweisen als die *Boa constrictor* und andere Boas (34 statt 36). In jüngerer Zeit wurden die Madagaskar-Boas wieder in ihre ursprüngliche Gattung gestellt. Alle drei Arten sind nachtaktiv und besitzen die typischen senkrecht elliptischen Pupillen nachtaktiver Schlangen.

Madagaskar-Boas sind im Anhang I von CITES aufgeführt, werden von der IUCN (World Conservation Union) jedoch nur als gefährdet eingestuft. Sie sind möglicherweise stark gefährdet, weil ihre Häute lokal verarbeitet werden und ihr Lebensraum verändert oder zerstört wird.

Oben: Die Madagaskar-Boa (*Acrantophis madagascariensis*) ist eine Regenwald-Art, die vergrößerte Schilde auf dem Kopf trägt.

Rechts: Dumérils Madagaskar-Boa (*Acrantophis dumerili*) ist eine Art der trockenen Wälder mit gekörnten Kopfschuppen.

Madagaskar-Boa – *Acrantophis madagascariensis*

Die größere der beiden Arten ist eine Bewohnerin der feuchten Wälder im Norden und Nordosten der Insel. Weibchen bringen nach einer langen Trächtigkeit von acht bis neun Monaten relativ kleine Würfe zur Welt. Die Jungen sind jedoch sehr groß (über 0,6 m lang). Man vermutet, dass das eine Antwort darauf sein könnte, dass große räuberische Säugetiere auf Madagaskar fehlen.

Beide Madagaskar-Boas sind nachtaktive Jäger vor allem kleiner Säugetiere, darunter auch Lemuren. Die Arten der Gattung *Acrantophis* werden auf madagassisch „Do" genannt. Diese Art ist hell- bis mittelbraun, beiderseits seitlich mit großen dunkelbraunen Rauten, die oben von einem gelbbraunen Streifen begrenzt und unten von Paaren kleiner weißer Punkte oder einem gelblichen Streifen begleitet werden. Die Madagaskar-Boa trägt oben auf dem Kopf große Schilde.

Verbreitung: Madagaskar
Länge: 1,5–3,2 m
Lebensraum: feuchte Wälder
Nahrung: kleine Säugetiere, darunter kleine Lemuren
Fortpflanzung: lebend gebärend, 1–8 Junge
Ähnliche Arten: Abgottschlange (*Boa constrictor*)

Dumérils Madagaskar-Boa – *Acrantophis dumerili*

Diese Boa bewohnt die trockenen Wälder im Westen und Südwesten Madagaskars und wird nicht ganz so lang wie ihre Verwandte. Nach einer Tragzeit von sechs bis acht Monaten bringen die Weibchen für gewöhnlich größere Würfe mit kleineren Jungen zur Welt als die andere Art. Dumérils Madagaskar-Boa ist stärker baumbewohnend als ihre Verwandte, und Vögel stehen neben kleinen Säugetieren auf ihrem Speiseplan. Die Tage verbringt sie verborgen in der Laubstreu, in Bauen oder Baumlöchern. Die Schlange ist meist hellbraun bis grau, hat das typische *Boa-constrictor*-Muster mit unregelmäßigen dunkelbraunen oder rotbraunen Sattelflecken und trägt kleine, gekörnte Schuppen auf dem Kopf.

Verbreitung: Madagaskar
Länge: 1,5–2,0 m
Lebensraum: Trockenwälder
Nahrung: kleine Säugetiere und Vögel
Fortpflanzung: lebend gebärend, 2–21 Junge

Madagaskar-Hundskopfboa – *Sanzinia madagascariensis*

Die Madagaskar-Hundskopfboa ähnelt mit ihrem aufgewölbten Kopf und den zahlreichen mit tiefen Labialgruben versehenen Supralabialschilden den neotropischen Hundskopfboas der Gat-

Die Madagaskar-Hundskopfboa (*Sanzinia madagascariensis*) ist eine stark und variabel gemusterte Art, die an die südamerikanischen Hundskopfboas der Gattung *Corallus* erinnert.

tung *Corallus* auffallend. Die Gattung ist monotypisch. Als sie mit den beiden *Acrantophis*-Arten in die Gattung *Boa* überführt wurde, anderte man ihren wissenschaftlichen Namen in *Boa manditra*, um Verwechslungen mit *Boa* (*Acrantophis*) *madagascariensis* zu vermeiden. Sie ist stärker baumbewohnend als die Arten der Gattung *Acrantophis* und im nordwestlichen, nördlichen und östlichen Madagaskar weit verbreitet. Diese Art findet man in den verschiedensten Lebensräumen.

Die Madagaskar-Hundskopfboa ist viel variabler gezeichnet als ihre bodenbewohnenden Verwandten. Lokale Populationen sind grünlich, braun, rot oder gelb getönt und tragen große dunkle rautenförmige Flecke mit heller Mitte entlang der Flanken. Die meisten Populationen durchlaufen einen Farbwechsel in ihrer Individualentwicklung. Jungtiere sind zunächst rot gefärbt. Die Jungtiere sind baumbewohnend. Adulte Tiere gehen zunehmend zum Bodenleben über, auch wenn sie sich tagsüber in Bäumen sonnen oder ruhen.

Verbreitung: Madagaskar
Länge: 1,5–2,5 m
Lebensraum: trockener und feuchter Wald und Savanne
Nahrung: kleine Säugetiere und Vögel
Fortpflanzung: lebend gebärend, 3–16 Junge
Ähnliche Arten: neotropische Hundskopfboas (*Corallus*-Arten)

Mauritius-Boas

Round Island oder die Île Ronde ist eine kleine, 150 ha große Insel, der Überrest eines 100 000 Jahre alten erloschenen Vulkans. Sie liegt 22 km nordöstlich von Mauritius im Indischen Ozean. Die Isolation von allen anderen Landmassen hat sie zu einem Mikrokosmos gemacht, auf dem einzigartige endemische Tiere und Pflanzen vorkommen. Zu ihnen gehören zwei Schlangen-Arten, die einzigen heute noch lebenden Mitglieder der Bolyeriidae. Zu den ungewöhnlichen Merkmalen der Familie gehören das völlige Fehlen von Beckengürtel und Aftersporen, eine sehr stark reduzierte linke Lunge und eine merkwürdige Mischung von ursprünglichen und höher entwickelten Skelettmerkmalen der Wirbel und des Unterkiefers. Das Maxillare ist in in zwei gelenkig verbundene Teile geteilt. Man vermutet, dass es sich dabei um eine Anpassung handelt, um glattschuppige Skinke festzuhalten. Dieses ungewöhnliche Merkmal ist einzigartig unter den Landwirbeltieren. Anders als andere Boas ist zumindest eine der Arten Eier legend.

Die Fauna von Île Ronde war isoliert, bis Siedler im 19. Jahrhundert Ziegen und Kaninchen einführten, was zur fast völligen Vernichtung der Hartholz- und Palmenwälder und zur Erosion des Inselbodens bis zum Grundgestein führte. Mit dem Erdboden verschwanden die grabenden Tiere, darunter eine der beiden Boas. Im Rahmen eines Naturschutzprogrammes wurden die Ziegen und Kaninchen auf der Insel ausgemerzt, sodass sich die einheimische Flora nun vielleicht wieder erholen kann.

Mauritiusboa – *Bolyeria multocarinata*

Diese grabende Art wurde seit 1975 trotz ausgedehnter Suche nicht mehr gefunden. Es erscheint nun wahrscheinlich, dass diese endemische Inselboa ausgestorben ist. Eine frühe Zeichnung von *B. multicarinata* zeigt eine Schlange mit schmalem Kopf und einer dunkler Netzzeichnung auf hellem Grund. Sonst ist nichts über die Ökologie und Biologie dieser Art bekannt.

Verbreitung: Île Ronde (vermutlich ausgestorben)
Länge: 0,95 m
Lebensraum: grabend
Nahrung: vermutlich Skinke
Fortpflanzung: unbekannt

Round-Island-Boa – *Casarea dussumieri*

Diese Art ist stärker baumbewohnend als ihre ausgestorbene Verwandte, aber obwohl sie überlebt hat, gab es in den frühen 1970er vermutlich nur noch 75 Exemplare. Ein Schutzprogramm, das die Nachzucht der Tiere und die Renaturierung ihres Lebensraumes umfasste, hat die Art vor dem Aussterben bewahrt. Es wurde 1977 vom Jersey Wildlife Preservation Trust (JWPT) initiiert, und man konnte mit elf Exemplaren eine Zucht beginnen, die eine Leihgabe der Regierung von Mauritius waren. Die Jungen aufzuziehen war jedoch schwierig, da man die nur 18 cm langen Schlangen mit kleinen Mäusen füttern musste. Die Echsen, die natürliche Beute der Round-Island-Boa, sind vermutlich ebenfalls gefährdet. Das Schutzprogramm für diese Art kam nicht zu früh: Man fand die Tiere ursprünglich auch auf Mauritius, aber sie verschwanden dort, nachdem man Ratten auf der Hauptinsel eingeführt hatte.

Die Grundfarbe der Schlange ist graubraun mit einem etwas dunkleren, unregelmäßigen breiten Rückenstreifen. Der Kopf ist schmal und lang gestreckt mit reduziertem Unterkiefer und senkrecht elliptischen Pupillen. Sie ähnelt den Erdboas der Westindischen Inseln (*Tropidophis*) und der Rauschuppigen Pazifik-Inselboa (*Candoia carinata*) stark.

Round-Island-Boas sind nachtaktive Räuber von Skinken und Geckos der Gattung *Phelsuma*. Sie nähern sich auf kurze Distanz an, bevor sie zuschlagen und ihre Beute umwinden, um sie zu erdrosseln. In Bauen von Sturmtauchern oder unter herabgefallenen Palmwedeln suchen sie Schutz. Es scheint so, als sei die Round-Island-Boa im allerletzten Augenblick vor dem Aussterben gerettet worden.

Verbreitung: Mauritius (ausgestorben) und Île Ronde
Länge: 1,28 m
Lebensraum: trockene Wälder
Nahrung: Taggeckos und Skinke
Fortpflanzung: Eier legend, 3–11 Eier
Ähnliche Arten: Erdboas (*Tropidophis*-Arten) und Rauschuppige Pazifik-Inselboa (*Candoia carinata*)

Das war knapp: Die Round-Island-Boa (*Casarea dussumieri*) und ihr Lebensraum sind nun Gegenstand eines Naturschutzprojekts.

Australasien und Pazifischer Ozean

Die einzige Region, die mit dem tropischen Amerika mit seiner beeindruckenden Vielfalt an Boas vergleichbar ist, ist Australasien. Allerdings sind die Riesenschlangen, die hier vorkommen, anstelle von Boas Pythons.

Fast überall auf dem Kontinent Australien leben Pythons. Sie haben sich angepasst und entwickelt, um jede Nische an Land zu besetzen, vom Regenwald an der Goldküste bis zu den Feuchtgebieten im Kakadu-Nationalpark und von den Hawkesbury-Sandsteinformationen nördlich von Sydney bis zu den Wüsten im Zentrum um Uluru (Ayers Rock). Die einzigen australischen Lebensräume, in denen man nicht mindestens eine Python-Art findet, befinden sich im kühleren Südostaustralien, in Victoria und auf Tasmanien.

Auf dem australischen Festland kommen 14 Python-Arten vor. Drei davon haben sich über die Torresstraße in den Norden ins südliche Neuguinea verbreitet, während eine weit verbreitete Art Neuguineas die andere Richtung zur Kap-York-Halbinsel in Queensland eingeschlagen hat. Auf der Insel Neuguinea kommen auch vier endemische Python-Arten vor, und möglicherweise warten noch weitere in den Wäldern, Sümpfen und Gebirgen auf ihre Entdeckung und Beschreibung. Auf den Inseln der Bismarcksee im Osten Neuguineas (New Britain und New Ireland) leben weitere endemische Arten, im Westen und Südwesten auf den indonesischen Molukken drei neu definierte Arten und auf den Kleinen Sundainseln zwei Arten.

Außer diesen 25 Pythons kommen in der Region jedoch auch Boas vor. Fünf Arten sind von Samoa nach Westen über die Fidschi-Inseln und Salomonen bis Neuguinea verbreitet, westlich bis auf die Molukken, nördlich bis Palau und südlich bis zu den Loyalty-Inseln vor Neukaledonien. Dies ist eine riesige Region mit tausenden von Inseln, großen und kleinen, die mit einer Vielfalt verschiedener Lebensräume Neubesiedlern wie den Pazifik-Boas Gelegenheit bietet, ihr Verbreitungsgebiet zu vergrößern.

Obwohl die ursprünglichen Schlangenfamilien nur durch die Echten Blindschlangen vertreten sind, sind diese grabenden Schlangen mit mindestens 60 Arten in der Region sehr weit verbreitet.

Der eindrucksvolle schwarze Boelen-Python (*Morelia boeleni*) kommt in den Hochlandregionen Neuguineas vor.

Australasiatische Blindschlangen

Nur eine Familie der Blind- und Wurmschlangen kommt in dieser Region vor. Sie bewohnt jedoch die verschiedensten Lebensräume von den Regenwäldern bis zu den trockensten Wüsten. Häufig werden neue Arten entdeckt und beschrieben.

Echte Blindschlangen

Die Familie Typhlopidae ist die einzige Blindschlangenfamilie in der australasiatischen Region. Die Gattung *Ramphotyphlops* ist mit schätzungsweise 50 Arten auf Neuguinea, den Salomonen, Neukaledonien und den benachbarten Loyalty-Inseln zahlreich vertreten und eine endemische Art (*R. excoeti*) kommt auf der Weihnachtsinsel vor, einem australischen Territorium im Indischen Ozean. Den anderen beiden Gattungen gehören weniger Arten an. *Typhlops* ist stark in Nord- und Südamerika, Afrika und Asien vertreten. In der australasiatischen Region kommen nur fünf Arten vor. Vier davon sind auf Neuguinea endemisch und von Irian Jaya bis auf die Molukken verbreitet. Der melanesischen Gattung *Acutotyphlops* gehören nur vier Arten an, von denen zwei in Papua-Neuguinea endemisch und zwei weiter im Osten verbreitet sind, von Papua-Neuguinea bis auf die Salomonen.

Südliche Neuguinea-Blindschlange – *Ramphotyphlops polygrammicus*

Diese Schlange wurde zuerst von Timor (Kleine Sundainseln) beschrieben. Sie ist auf Neuguinea und bis ins nordöstliche Queensland verbreitet, und es ist möglich, dass es sich um mehr als eine Art handelt. Die robuste Art ist für ihre Gattung relativ groß, violettgrau bis graubraun, mit 22 Schuppenreihen um den Körper und fleckenlos cremefarbener Bauchseite.

Verbreitung: Indonesien (Kleine Sundainseln), südliches Neuguinea und östliches Queensland

Länge: 0,25–0,48 m

Lebensraum: Monsun- und Regenwald im Hügel- und Tiefland

Ramphotyphlops polygrammicus kommt im südlichen Neuguinea und auch in Nordaustralien vor.

Acutotyphlops infralabialis **ist die am weitesten verbreitete Art einer vor kurzem beschriebenen Gattung, die auf den Salomonen und der Insel Bougainville (Papua-Neuguinea) vorkommt.**

Nahrung: vermutlich Ameisen und/oder Termiten
Fortpflanzung: Eier legend, 7 Eier
Ähnliche Arten: *R. nigrescens* aus New South Wales

Fred Parkers Blindschlange – *Typhlops fredparkeri*

Diese Art wurde erst 1996 beschrieben und nach ihrem Sammler benannt, dem Regierungsbeamten Fred Parker, der eine Studie über die Schlangen der Western Province, Papua-Neuguinea, durchführte. Sie kommt von Korobosea nahe Port Moresby ausgehend im mit Savanne und Monsunwald bewachsenen schmalen Küstenstreifen vor. Die Art besitzt nur 16 Schuppenreihen in der Körpermitte und ist oberseits braun und unterseits beigebraun gefärbt. Die Kombination von 16 Schuppenreihen mit dem gerundeten Kopf und der Schnauze ist einzigartig bei den australasiatischen Blindschlangen. Es ist nur ein einziges Exemplar ist bekannt, das sich im Museum für Vergleichende Zoologie in Harvard befindet.
Verbreitung: Central Province, Papua-Neuguinea
Länge: 0,2–0,5 m
Lebensraum: Tiefland an der Küste
Nahrung: vermutlich Ameisen und/oder Termiten
Fortpflanzung: Eier legend; einziges Tier hatte ein Ei im Eileiter
Ähnliche Arten: *T. ater* von den Molukken und Irian Jaya

Rote Keilnasen-Blindschlange – *Acutotyphlops infralabialis*

Diese Blindschlange kommt auf den Hauptinseln der Salomonen und der Insel Bougainville vor. Sie ist die am weitesten verbreitete Art dieser kleinen Gattung und wurde trotzdem erst 1995 beschrieben. Die Blindschlange zeichnet sich durch den Besitz eines keilförmigen Rostralschildes aus, der wie eine spitze Schnauze wirkt. Sie ist oberseits rötlich rosafarben und unterseits gelblich gefärbt. In der Körpermitte kann man relativ viele Schuppenreihen zählen (26–28).
Verbreitung: die Insel Bougainville, Papua-Neuguinea und die Salomonen
Länge: 0,25–0,35 m
Lebensraum: vermutlich Wald
Nahrung: vermutlich Ameisen und/oder Termiten, möglicherweise auch Regenwürmer (die Beute der verwandten *A. subocularis*)
Fortpflanzung: Eier legend, Gelegegröße unbekannt
Ähnliche Arten: *Acutotyphlops solomonis* und *A. kunuaensis* von Bougainville

Indoaustralische ursprüngliche Schlangen

Außer den Blindschlangen kommen aus den ursprünglichen Gruppen nur die Walzenschlangen in Australasien vor. Sie sind mit wenigen Arten im äußersten Westen der Region vertreten.

Indonesische Walzenschlangen

Die Walzenschlangen treten vor allem in Südostasien auf. Eine Art kommt auf Sri Lanka vor. Zur Zeit besteht die Gattung *Cylindrophis* nur aus einer weit verbreiteten, gut erforschten Art, der Rotschwanz-Walzenschlange (*Cylindrophis ruffus*), und neun Arten, von denen manchmal nur ein einziges Exemplar bekannt ist. Der größte Teil des Verbreitungsgebietes der Gattung *Cylindrophis* befindet sich westlich der Wallace-Linie. Dies ist eine nach Alfred Russel Wallace benannte gedachte Linie durch den Ozean, die die orientalische von der australasiatischen Region trennt. Sie verläuft durch die schmale, aber tiefe Straße zwischen Bali und Lombok und trennt Borneo und die Philippinen auf der orientalischen Seite von den Molukken, die zur australasiatischen Region gehören.

Mit Ausnahme von *Cylindrophis maculatus* und einiger merkwürdiger und besonders seltener Arten auf Borneo ist die einzige Walzenschlange, die bekanntermaßen in Südostasien, auf Borneo und Bali und bis nach Burma und Südchina vorkommt, die weit verbreitetete Rotschwanz-Walzenschlange. Obwohl diese Art auch im Osten der Wallace-Linie auf Lombok, Flores und Sulawesi vorkommt, haben alle anderen Populationen aus der australasiatischen Region Artstatus. Sechs dieser Arten sind auf Sulawesi und Halmahera nachgewiesen, der Insel Tanahjampea, den Kleinen Sundainseln, Timor und Wetar, den Tanimbar-Inseln und den Aru-Inseln. Wenn man die Verbreitung der Arten betrachtet, ist es merkwürdig, dass keine Walzenschlangen von der Vogelkop-Halbinsel Irian Jayas bekannt sind. Vielleicht sollte jemand einmal nachsehen.

Aru-Walzenschlange – *Cylindrophis aruensis*

Die Aru-Walzenschlange ist die Art, die am weitesten im Osten vorkommt, auf den Aru-Inseln, einem kleinen Archipel, das zwischen Irian Jaya und Nordaustralien gelegen ist. Es sind nur zwei Exemplare bekannt, beides halbwüchsige Männchen, und es gibt keine Freilandbeobachtungen. Es scheint wahrscheinlich zu sein, dass Lebensraum und Beutespektrum dem der besser bekannten östlichen Verwandten *C. ruffus* ähneln, die die Laubstreu bewohnt und sich von länglichen Wirbeltieren ernährt, darunter grabenden Schlangen wie Blindschlangen, aber auch von Regenwürmern und Insektenlarven. Die Aru-Walzenschlange ist eine rötlich-braune Schlange mit kurzen, hellen Querbinden, die sich nur am Schwanz über dem Rücken und am Bauch treffen. Ein helleres Halsband wird vom braunen Längsstreifen entlang der Wirbelsäule unterbrochen, und am Kopf befinden sich gelbliche Flecke. Die Art unterscheidet sich von den meisten anderen Arten der Region durch die hohe Zahl der Schuppenreihen in der Körpermitte (24 einschließlich der schmalen Bauchschuppen).

Verbreitung: Aru-Inseln, Indonesien
Länge: 0,17 m (nur halbwüchsige Exemplare bekannt)
Lebensraum: Laubstreu des Waldbodens
Nahrung: wahrscheinlich Blindschlangen, andere lang gestreckte Wirbeltiere und Regenwürmer
Fortpflanzung: wahrscheinlich lebend gebärend wie *C. ruffus*
Ähnliche Arten: *C. boulengeri* und *C. yamdena*

Australasiatische Pythons

Wenn Nord-, Mittel- und Südamerika das Zentrum der Artenbildung der Boaschlangen darstellen, ist Australasien sicherlich das Zentrum der Artenvielfalt und Verbreitung der verschiedenen Pythons. 72 % aller Arten kommen hier vor. Viele sind in der australisch-papuanischen Region weit verbreitet, andere jedoch weniger gut bekannt und in ihrer Verbreitung stärker begrenzt. In dieser Region kommen einige der seltensten und auch die kleinsten Python-Arten der Erde vor.

Schwarzkopfpython und Woma

Die beiden schlanken, aber kräftigen Pythons der Gattung *Aspidites*, der Schwarzkopfpython und die Woma, sind innerhalb der Pythonidae insofern einzigartig, als dass sie keine Wärmesinnesgruben besitzen. Beide Arten kommen nur in Australien vor. Das Fehlen der Labialgruben und die Verschmälerung des Kopfes spiegeln die Nahrungsvorlieben dieser Savannen und Wüsten bewohnenden Pythons wider, die vorwiegend wechselwarme, schlanke Reptilien erbeuten.

Anders als die meisten anderen australischen Pythons tragen der Schwarzkopfpython und die Woma vergrößerte, symmetrische Schilde statt kleiner, gekörnter Schuppen auf dem Kopf, und die meisten ihrer Subcaudalschilde unter dem Schwanz, der nicht zum Greifen ausgebildet ist, sind ungeteilt. Schwarzkopfpythons und Womas sind bei Schlangenhaltern sehr gefragt, und es besteht ein großes Interesse an lokalen Farbformen. Diese Arten werden von den australischen Aborigines gern verspeist.

Der in der Wüste lebende Schwarzkopfpython (*Aspidites melanocephalus*) besitzt keine Wärmesinnesgruben. Er braucht sie auch nicht, da er sich von anderen Reptilien ernährt.

Schwarzkopfpython – *Aspidites melanocephalus*

Diese Art kann man kaum mit einer anderen verwechseln, denn ihr charakteristischstes Merkmal ist sehr offensichtlich: der glänzend schwarze Kopf, dem die Art die deutschen und wissenschaftlichen Namen verdankt. Das schwarze Pigment erstreckt sich eine gute Kopflänge weit auf den Rücken, bevor es abrupt endet und die einen Kontrast bildende helle Grundfarbe von Körper und Schwanz beginnt. Sie kann braun, cremefarben, rosafarben getönt oder gelblich sein, überlagert von zahlreichen unregelmäßigen dunklen Bändern, die bei manchen Exemplaren von einem breiten dunklen Rückenstreifen überdeckt werden, der vom Kopf aus nach hinten verläuft.

Der schlanke Schwarzkopfpython ist ein hervorragender Reptilienjäger, der sich von Agamen (Agamidae), Waranen (Varanidae), Blauzungen-Skinken (*Tiliqua*) und Schlangen ernährt, darunter giftige Nattern und sogar seine eigene Art. Säugetiere machen weniger als 10% seiner Nahrung aus. Der nacht- und tagaktive am Boden lebende Schwarzkopfpython verbringt die meiste Zeit unter der Erde und gräbt sogar eigene Baue. *Aspidites*-Arten sind die einzigen Pythons, die dies tun. Von den Männchen wird berichtet, dass sie sich in der Paarungszeit heftige Kämpfe liefern.

Verbreitung: Nordaustralien, von den Pilbaras bis Rockhampton, Queensland
Länge: 1,5–3,0 m
Lebensraum: Baumsteppe, Savanne, felsige Gebiete und sowohl trockene als auch feuchte Wälder
Nahrung: Echsen und Schlangen, selten Säugetiere oder Vögel
Fortpflanzung: Eier legend, 6–18 Eier

„Große Pythons werden oft auf der Straße überfahren, wobei die langsamen Schwarzkopfpythons besonders gefährdet sind. Ich fing ein adultes Männchen, das einen großen Highway überquerte, nur wenige Minuten bevor ein Lastzug vorbeidonnerte. Ein anderes großes Männchen bekam ich von einem Jäger der Aborigines, der die Schlange essen wollte. Später ließ ich beide Tiere auf einem felsigen Gelände weit von der Straße entfernt frei, allerdings an verschiedenen Stellen, weil ich berücksichtigte, dass sich Schwarzkopfpythons gelegentlich gegenseitig fressen.“

Warralong, Pilbaras, Westaustralien

Woma – *Aspidites ramsayi*

„Woma", „womma" oder „wama" bedeutet in den Dialekten der Aborigines einfach „Python" oder „Schlange". Die Woma, die nach E. P. RAMSAY vom Australian Museum benannt worden ist, ähnelt einem Schwarzkopfpython, jedoch sind Kopf und Hals nicht schwarz. Nur ein Paar undeutlich abgegrenzter „Panda-Flecke" über den Augen, die in der Mitte des Kopfes verschmelzen können, und der Schnauzenbereich sind dunkel. Der Kopf der Woma kann etwas spitzer sein als der ihres Verwandten. Körper und Schwanz sind sehr ähnlich gebändert wie beim Schwarzkopfpython. Es gibt im Verbreitungsgebiet der Woma Variationen in der Zeichnung, aber ob sie ausreichen, um verschiedene Unterarten anzuerkennen, ist nicht sicher.

Anders als beim Schwarzkopfpython gehört zum Nahrungsspektrum der Woma ein hoher Anteil an Säugetieren, insbesondere Kaninchen. Echsen werden wesentlich häufiger erbeutet als Schlangen, und Kannibalismus ist noch nicht beobachtet worden, obwohl er möglicherweise auftritt. Erbeutet die Woma ihr Opfer unter der Erde, drückt sie es gegen die Wände des Baues. Dieselbe Methode wenden einige große Echte Nattern an. Bei Womas sieht man Verletzungen und einen fehlenden Schwanz häufiger als bei anderen Pythons. Es wird vermutet, dass das daher kommt, dass die Schlangen ihre Beute mit ihrem Schwanz in Reichweite locken.

Womas sind Wüstenbewohner, kommen aber auch im Grasland, in trockenem Baumland und in steinigem Gelände vor. In einigen Regionen, wie den Pilbaras, überschneidet sich ihr Verbreitungsgebiet mit dem des Schwarzkopfpython.

Womas leben auch in den unwirtlichsten und am wenigsten besiedelten Regionen. Man vermutet, dass die Woma im Südwesten des Verbreitungsgebietes ausgerottet sein könnte. Gründe sind der Verlust des Lebensraums durch die Landwirtschaft sowie Hauskatzen und Füchse. Wenn es nicht zu spät ist, verdient diese Art ein Nachzuchtprogramm und Maßnahmen zum Schutz ihres Lebensraumes.

Verbreitung: Küste Westaustraliens bis Great Dividing Range
Länge: 1,5–3,0 m
Lebensraum: Sandwüste und Spinifex-Grasland
Nahrung: Reptilien und Säugetiere
Fortpflanzung: Eier legend, 5–19 Eier

Oben: Der Kopf der Woma (*Aspidites ramsayi*) weist dunkle „Pandaflecke" zwischen den Augen auf.

Unten: Die Woma ernährt sich von Kaninchen und Echsen, die sie im trockenen Zentrum Australiens erbeutet.

S. 119: Seinen ersten Gefleckten Python (*Antaresia maculosa*) hat der Autor auf einem aufgegebenen Flugplatz in der Western Province entdeckt. Es könnte sich um eine neue Art handeln.

Gefleckte Pythons

Die vier Arten australischer Pythons der Gattung *Antaresia* sind auf dem gesamten australischen Kontinent außer im Süden und Südosten verbreitet. Es sind die kleinsten Pythons Australiens. Nur wenige Arten werden 2 m lang, und der Perth-Zwerg-Python (*Antaresia perthensis*) ist der kleinste bekannte Python der Erde und erreicht maximal 0,7 m Länge. Viele Jahre lang herrschte Verwirrung, was die Verbreitung der verschiedenen Populationen betraf. Alle Pythons wurden zu einer Art zusammengefasst, dem Children-Python. Er ist nach dem englischen Naturkundler J. G. Children benannt worden, nicht, weil er so klein ist, dass er ein gutes Haustier für Kinder abgibt. Diese Pythons sind viele Jahre lang in Terrarien gezüchtet worden, und das hat leider dazu geführt, dass viele der gezüchteten Linien Hybriden sind.

Diese kleinen Pythons sind außer an ihrer geringen Größe an einer Kombination verschiedener Merkmale zu erkennen. Sie besitzen große Schilde auf dem Kopf, nicht die fragmentierten Schilde, die man bei vielen anderen Pythons findet, und zahlreiche Lorealschilde zwischen den Nasal- und Präocularschilden. Die Wärmesinnesgruben sind auf die ersten Supralabialschilde und die letzten 5–7 hinteren Infralabialschilde beschränkt. Im Vergleich zu anderen Pythons besitzen diese Arten relativ viele Zähne.

Diese nachtaktiven und vorwiegend bodenbewohnenden Schlangen sind sehr agil, und obwohl sie keinen Greifschwanz besitzen, können sie gut klettern. In der Nähe von Termitenhügeln und auf felsigem Gelände findet man sie besonders häufig.

Gefleckter Python – *Antaresia maculosa*

Der Gefleckte Python wurde lange für eine östliche Population des Children-Python (*A. childreni*) gehalten, heute gilt er jedoch als eigenständige Art. Er kommt auch östlich der Great Dividing Range von der Grenze von New South Wales bis zur Spitze der Kap-York-Halbinsel vor, und auch im Süden Neuguineas wurde er nun nachgewiesen. Wie die meisten *Antaresia*-Arten ist diese variabel gemustert. Die Zeichnung besteht aus dunklen Punkten oder Flecken mit gezacktem Rand auf hellbraunem Grund. Die dunklen Reihen entlang der Wirbelsäule treffen sich oft auf dem Rücken und bilden eine unterbrochene Zickzacklinie und viele kleinere Flecke, die zu senkrechten Bändern verschmelzen können. Die Punkte bleiben bei adulten Tieren erhalten.

Gefleckte Pythons findet man in Wäldern, in offenen Savannen und in felsigem Gelände. Auf dem Mount Etna bei Rockhampton, Queensland, ist eine große Population bekannt, die sich von Fledermäusen ernährt. Höhlen, Spalten, hohle Baumstämme sowie aufgegebene Termitenbaue bieten Rückzugsmöglichkeiten. Meist wird die Art nicht über 1 m lang. Es gibt jedoch Berichte über 2 m lange Tiere aus Tully, Queensland.

Verbreitung: östliches und nördliches Queensland und südliches Neuguinea

Länge: 0,8–1,0 m, Berichte über 2,0 m lange Exemplare

Lebensraum: Savannen-Baumland, Küsten- und Trockenwälder, Zuckerrohrfelder und felsiges Gelände

Nahrung: kleine Säugetiere, auch Fledermäuse, Vögel, Echsen, Frösche

Fortpflanzung: Eier legend, 4–18 Eier

Ähnliche Arten: Children-Python (*A. childreni*)

„1996 schrieb ich A Guide to the Snakes of Papua New Guinea, *in dem die acht Python-Arten Neuguineas behandelt wurden. 2001 waren Robert Sprackland und ich in Western Province, Papua-Neuguinea, auf der Suche nach dem Papuawaran (*Varanus salvadori*), als wir zwei kleine Schlangenhäute zwischen alten Wellblechen auf einem aufgegebenen Flugplatz entdeckten. Nach weiterer Suche entdeckten wir einen kleinen Python, den ich anfangs fälschlicherweise für einen jungen Amethystpython (*Morelia amethistina*) hielt. Dann überlegte ich, ob es sich um einen jungen Wasserpython (*Liasis fuscus*) handeln könnte. Ich verwarf beide Arten und verstand, dass wir etwas sehr Bedeutendes gefangen und im Film festgehalten hatten. Ich fing ganz von vorn an (es war mit Sicherheit ein Python) und stellte fest, dass ich ein Exemplar der Gattung* Antaresia *vor mir hatte, die bis zu diesem Zeitpunkt als für Australien endemisch galt. Das Gebiet in der Gegend ähnelte dem auf der Kap-York-Halbinsel sehr, Baumsteppe mit verstreuten Termitenhügeln, und beide Landmassen weisen viele Ähnlichkeiten in Bezug auf ihre Tierwelt auf. Der kleine Python stellte sich letztendlich als neue und fünfte* Antaresia*-Art heraus, aber da wir nur ein einziges Exemplar besaßen, fühlten wir uns nur berechtigt zu berichten, dass das Verbreitungsgebiet des Gefleckten Pythons sich von der Kap-York-Halbinsel bis nach Neuguinea erstreckt. Wir hatten die neunte Python-Art Neuguineas entdeckt, den ersten neuen Python der Insel seit fast 50 Jahren. Über den Fund wurde im Herpetological Review 35 (3), 2004, berichtet.“ Weam, Western Province, Papua-Neuguinea*

Unten: Stimson-Python (*Antaresia stimsoni*), ein weit verbreitetes Mitglied des Children-Python-Komplexes.

S. 121 oben: Kopf des Stimson-Python. Diese Art ist auch als Großfleckenpython bekannt.

S. 121 unten: Bei der Bestimmung der Wasserpythons herrscht Unklarheit. Dies ist ein Exemplar von den Sundainseln, der Macklots Python (*Liasis mackloti*).

Stimson-Python – *Antaresia stimsoni*

Antaresia stimsoni, der nach Andrew F. Stimson benannt worden ist, einem hoch angesehenen Herpetologen am British Museum of Natural History, ist die am weitesten verbreitete Art der Gattung. Er kommt von der Küste Westaustraliens in einem breiten Gebiet über Zentralaustralien bis zu den westlichen Hängen der Great Dividing Range vor. Es sind westliche und östliche Unterarten bekannt, die sich meist anhand ihrer Beschuppung unterscheiden lassen. Die östliche Unterart erreicht außerdem die größten Längen.

Der alternative Name „Großfleckenpython“ beschreibt die Art gut, denn das Muster besteht aus mehreren Reihen sehr großer dunkler Flecke auf gelbem, rotem oder hellbraunem Grund, die zu kräftigen Querbinden über dem Rücken oder an den Flanken verbunden sein können. Das Muster einiger Exemplare ähnelt dem des Teppichpythons (*Morelia spilota*). Obwohl der Stimson-Python in weiten Teilen des westlichen Zentralaustraliens gefunden wird, glaubt man nicht, das diese Tiere extreme Wüsten bewohnen. Sie scheinen eher felsiges Gelände zu bevorzugen, wo sie Geckos, Skinke und verschiedene kleine Säugetiere erbeuten können.

Verbreitung: Westliches und zentrales Australien, alle Bundesstaaten des Festlandes außer Victoria und ACT
Länge: 1,0–1,5 m
Lebensraum: Savanne, trockenes Savannen-Baumland und offenes, felsiges Gelände
Nahrung: kleine Säugetiere, Echsen und Vögel
Fortpflanzung: Eier legend, 6–15 Eier
Ähnliche Arten: Teppichpython (*Morelia spilota*)

Wasserpythons

Wasserpythons kommen im nördlichen Australien (Northern Territory, Queensland und die Inseln der Torresstraße) vor, im südlichen Neuguinea (Papua-Neuguinea und Irian Jaya) sowie auf den indonesischen Kleinen Sundainseln (Timor, Wetar, Sawa, Semao und Babar). Heute sind diese großen und kleinen Landmassen durch die Arafurasee, die Timorsee und den Carpentaria-Golf getrennt. Deshalb muss man die biogeografische Geschichte der Region während der letzten 50 000 Jahre verstehen, um den momentanen Stand der Taxonomie der Wasserpythons Australasiens nachvollziehen zu können. Er wird von Rawlings et al. (2004) zusammengefasst *.

Heute ist die Torresstraße zwischen Queensland und Neuguinea 12 m tief, der Carpentaria-Golf ist 70 m tief, und die Arafura-Schwelle, wo die Arafurasee und der Indische Ozean zusammentreffen, ist über 53 m tief. Neuguinea und Australien befinden sich auf dem seichten Sahul-Schelf, der eine Landbrücke bildete, als der Meeresspiegel mindestens 50 m tiefer lag als heute. Das war während der letzten Eiszeiten häufig der Fall. Die letzte Eiszeit hatte vor 20 000 bis 18 000 Jahren ihren Höhepunkt, als ein großer Teil des Wassers der Erde in den ausgedehnten polaren Eisschilden gebunden war. Zu dieser Zeit war das, was heute das 70 m tiefe zentrale Becken im Carpentaria-Golf ist, ein riesiger Süßwassersee, in den die Flüsse der Region mündeten. Man glaubt, dass ein breiter Fluss nach Westen strömte, aus dem Carpentaria-See zum Rand der Arafura-Schwelle und in den Indischen Ozean, sodass das nordwestliche Australien von Neuguinea abgeschnitten und der Genfluss unterbrochen war, während im Osten eine Landbrücke zwischen Queensland und Neuguinea bis vor 8000 bis 6000 Jahren bestehen blieb. Dann stieg der Meeresspiegel wieder an, die Torresstraße entstand und die Verbindung brach ab.

Heute trennt ein ausgedehntes Meer das nördliche Australien von den indonesischen Kleinen Sundainseln. Zu Zeiten jedoch, als der Meeresspiegel tiefer lag und sich mehr Land im Nordwesten Australiens über dem Wasserspiegel befand, könnten diese Meeresbereiche weniger als 100 km breit gewesen sein, vielleicht schmal genug, um ein Verdriften von Tierarten und den Genfluss zwischen den Populationen des nordwestlichen Australiens und dem Archipel der Kleinen Sundainseln möglich zu machen.

Wenn man diese erdgeschichtlichen Interpretationen in Betracht zieht, ist es vielleicht einfacher, die Argumentationen nachzuvollziehen, die Rawlings et al. in ihrer Veröffentlichung (unten) zusammengefasst haben.

* Rawlings, L. H., D. G. Barker & S. C. Donnellan (2004): Phylogenetic relationships of the Australo-Papuan *Liasis* pythons (Reptilia: Macrostomata), based on mitochondrial DNA. Australian Journal of Zoology 52 (2): 215–227

Wasserpythons – *Liasis mackloti* und *Liasis fuscus*

Es gab viele Diskussionen über die korrekten Namen für die Wasserpythons dieser Region. Einige Autoren bevorzugen *Lyasis mackloti* für Indonesien und Neuguinea und *L. fuscus* für Australien, andere (mich früher eingeschlossen) beschränken *L. mackloti* auf Indonesien und stellen alle Exemplare Australiens und Neuguineas zu *L. fuscus*. Diese Meinung basierte auf Beschuppungsmerkmalen, Zeichnungen und anderen morphologischen Merkmalen. Mit den Möglichkeiten der Analyse mitochondrialer DNA (mtDNA) können wir heute jedoch besser verstehen, was wirklich geschehen ist. In Verbindung mit dem Wissen über Biogeografie, Lebensraum und Klima während der letzten 50 000 Jahre haben Rawlings et al. bisher offenbar am überzeugendsten argumentiert. Die Autoren geben zu, dass noch immer Fragen offen sind, was die Verhältnisse zwischen den verschiedenen Populationen von Wasserpythons betrifft.

Sie schließen, dass die Wasserpythons Neuguineas und Queenslands nahe verwandt seien, näher als die aus Queensland und dem Northern Territory. Die australischen Regionen könnten durch ein Gebiet mit trockenen Wäldern südlich des Carpentaria-Golfs getrennt gewesen sein, das für in Sümpfen lebende Wasserpythons ungeeignet war. Sie sind sich nicht sicher, wie das exakte Verhältnis zwischen den Wasserpythons des Northern Territory und denen der Kleinen Sundainseln ist, weisen aber darauf hin, dass sie verwandt sein könnten. Obwohl sie den verschiedenen Populationen keine Namen geben möchten, schlagen sie vor, dass die östliche Klade (Queensland und Neuginea) *L. fuscus* genannt wird, da das Typusexemplar von Queensland stammt, während die westliche Klade (Northern Territory und Indonesien) als *L. mackloti* bezeichnet werden könnte.

Die Situation in Indonesien wurde noch komplizierter, als die Unterarten *L. mackloti dunni* von Wetar und *L. m. savuensis* von Savu anerkannt wurden. In den vergangenen Jahren wurden diese Unterarten von Taxonomen angezweifelt, obwohl „Savu-Pythons“ in Herpetologenkreisen beliebt sind. Rawlings und seine Kollegen tendieren jedoch ebenfalls dazu, dass diese Inselrassen gültige Unterarten sind und getrennt von den Populationen auf Roti, Semao, Timor und Babar anerkannt werden sollten, die dann zur Unterart *L. m. mackloti* werden würden.

Viele der Wasserpythons Australiens und Neuguineas sind oberseits einfarbig schwarzbraun bis olivbraun ohne Zeichnung oder irisierendes Schillern. Unterseits sind sie weiß bis gelb. Exemplare aus Indonesien, die den Namen Macklots oder Gefleckter Python tragen, können variabler gefärbt und gefleckt sein und haben manchmal ein dunkles Band zwischen den Augen. Sie sind schlanke, aber sehr kräftige Pythons, deren Wärmesinnesgruben auf die ersten Supralabial- und die dritten und vierten hinteren Infralabialschilde begrenzt sind. Der Schwanz ist nicht zum Greifschwanz ausgebildet. Sie verbringen die meiste Zeit im Süßwasser, und ihre Beute besteht vorwiegend aus Wirbeltieren, die im Wasser leben oder Wasserstellen besuchen. Es handelt sich um eine der wenigen Arten, die nachweislich Krokodile erbeuten, allerdings nur Jungtiere von *Crocodylus johnstoni*. Wasservögel und deren Eier gehören ebenfalls zur Nahrung der adulten Tiere, während Jungtiere Frösche, Fische und Echsen erbeuten.

In Teilen des Kakadu-Nationalparks im Northern Territory sieht man Wasserpythons so häufig, oft alle zehn Minuten, dass die Idee entstand, Python-Safaris für Touristen anzubieten. Ich glaube jedoch, dass die Begeisterung sich sogar bei Schlangenfans legen würde, wenn man immer nur Exemplare von derselben relativ kleinen Art sähe.

Verbreitung: Kleine Sundainseln, Indonesien, nördliches Australien und südliches Neuguinea

Länge: 1,0–2,0 m, selten 3,0 m

Lebensraum: Sümpfe, Seen, feuchte Wälder und überflutetes Grasland

Nahrung: Säugetiere, Wasservögel, Echsen und Jungkrokodile

Fortpflanzung: Eier legend, 6–23 Eier

Ähnliche Arten: Olivpython (*L. olivaceus*) und Weißlippenpythons (*Leiopython*-Arten)

Olivpythons

Es gibt zwei Olivpythons. Die australische Art *Liasis olivaceus* gilt als Schwestertaxon des Wassepython-Komplexes (*L. fuscus/mackloti*), während die Art von Neuguinea, die früher als Unterart des australischen Olivpythons galt, heute in ihrer eigenen monotypischen Gattung *Apodora* steht. Sie gilt als Schwestertaxon der Gattung *Liasis* (*L. olivaceus* und *L. fuscus/mackloti*). Die Olivpythons sind kräftig gebaute Jäger von Säugetieren, Vögeln und Reptilien, die keinen Greifschwanz besitzen. Im Gegensatz zu Mitgliedern des *Morelia-amethistina*-Komplexes, die Berichten zu Folge länger werden können (besonders *M. kinghorni*, S. 142), aber ziemlich schlank sind, sind Olivpythons kräftig gebaut. Man könnte fast einen Vergleich zum untersetzten *Python molurus* und dem langen, aber schlankeren *P. reticulatus* in Asien ziehen.

Olivpython – *Liasis olivaceus*

Zwei Unterarten des australischen Olivpythons sind anerkannt, die sich durch Beschuppungsmerkmale, die maximale Länge (siehe unten) und ihre geografische Verbreitung unterscheiden. Eine Analyse der mtDNA bestätigte diesen Sachverhalt. Die Nominatform, *L. o. olivaceus*, kommt von Broome und der Kimberley-Region Westaustraliens über das Gebiet um den Golf von Carpentaria bis Zentral-Queensland und die westliche Hälfte

S. 122: Ein Exemplar eines recht typischen nordaustralischen Braunen Wasserpython (*Liasis fuscus*).

Unten: Ein australischer Olivpython (*Liasis olivaceus*), der versucht hatte, einen seltenen Rauschuppenpython (*Morelia carinata*) zu verschlingen.

der Kap-York-Halbinsel vor, während der westlicher verbreitete *L. o. barroni* auf die Pilbaras in Westaustralien beschränkt ist, über 600 km südwestlich von Broome, und auch vom Dampier-Archipel vor der Küste Westaustraliens gibt es Berichte.

Olivpythons sind große Schlangen, die große Tiere wie Wallabys überwältigen können. Geschickt verschlingen sie jedoch auch lang gestreckte Beute wie andere Schlangen. In vielerlei Hinsicht ähneln Olivpythons den Wasserpythons. Sie schillern jedoch weniger und haben im Verhältnis längere Köpfe. Der Rücken ist einfarbig braun oder olivgrün, die Unterseite und die Lippenschilde sind hell gelb bis cremefarben. Man sieht sie am häufigsten in steinigen Lebensräumen und Schluchten mit Quellen, sie begeben sich aber auch in Wälder oder Savannen.

Verbreitung: nördliches Australien (*L. o. olivaceus*) und die Pilbaras (*L. o. barroni*)

Länge: 2,0–3,0 m, gelegentlich 4,5 m (*L. o. olivaceus*) oder 6,5 m (*L. o. barroni*)

Lebensraum: felsige Wasserläufe und Schluchten, aber auch Wald und Savanne

Nahrung: Säugetiere, Vögel und Reptilien einschließlich anderer Pythons

Fortpflanzung: Eier legend, 14–31 Eier

Ähnliche Arten: Wasserpython (*L. fuscus*, *L. mackloti*) und Mulga-Schlange (*Pseudechis australis*)

*„Einmal begleitete ich John Weigel vom australischen Reptile Park auf der Suche nach dem Rauschuppenpython (*Morelia carinata*, S. 135). Ein Mitglied seines Teams, Alf Britton, rief mich von hoch oben auf einer Klippe um Hilfe. Er hielt einen männlichen Rauschuppenpython in der Hand, den er aus dem Maul eines großen Olivpython gerettet hatte und der sich nun in ein Loch in den Felsen zurückziehen wollte. Es dauerte gute 20 Minuten, bis ich mit beiden Armen meinen ersten wilden Olivpython aus dem Loch ziehen konnte, ein Exemplar von über 2 m Länge."*

Hunter River, Kimberleys, Westaustralien

Papua-Olivpython – Apodora papuana

Während Papua-Olivpythons, die ich in der Western Province, Papua-Neuguina, gesehen habe, einfarbig olivgrün waren, sind die aus der Central Province am Golf von Papua nicht wirklich olivgrün. Sie haben einen braunen Rücken, gelbbraune Flanken und einen graubraunen Kopf, und jeder einzelne Schild und jede Schuppe sind schwarz umrandet, was ihnen ein sehr attraktives Aussehen verleiht. Dies ist eine weit verbreitete Art und ich bin sicher, dass es anderswo Exemplare gibt, die ebenso bemerkenswert aussehen. Ich für meinen Teil finde jedoch, dass die Olivpythons aus Central Province zu den schönsten Pythons Neuguineas gehören.

Es sind große Räuber, die große Beutetiere verschlingen können, darunter nachweislich ein 22,7 kg schweres Wallaby, aber wie ihre australische Verwandten erbeuten sie auch andere Schlangen, besonders Pythons (siehe unten). Ob der Papua-Olivpython oder der Amethystpython (*M. amethistina*) die größte Schlange Neuguineas sind, ist umstritten. In den 30er Jahren des 20. Jahrhunderts wurde in Astrolabe Bay ein 4,3 m langer Python gefangen und als *Liasis maximus* beschrieben. Dieses Exemplar, das heute verloren gegangen ist, könnte ein Papua-Olivpython gewesen sein. Ein anderes Exemplar von

Apodora papuana, das in Milne Bay Province gefangen worden war, maß 4,78 m.

Verbreitung: Neuguinea

Länge: 1,4–3,6 m, gelegentlich mehr als 4 m

Lebensraum: Monsunwälder des Tieflandes, Baumsteppe und Savanne

Nahrung: Säugetiere, Vögel und Reptilien, darunter auch andere Pythons

Fortpflanzung: Eier legend, 10–20 Eier

„Das Schlangen-Spiel ist in Teilen Papua-Neuguineas ein recht unschöner Zeitvertreib. Eine Schlange wird im Busch mit einer Schlinge gefangen, mit einer Keule geschlagen und auf die Straße gezerrt, wo sie von vorbeikommenden Fahrzeugen überfahren wird. Ich habe viele Schlangen nach dem Spiel gesehen, mit dem Strick noch um den Hals, darunter einen sehr großen, 4–5 m langen Papua-Olivpython, der auf dem Ramu-Highway lag (siehe Foto auf S. 30). Warum töten Menschen Pythons? Diese Schlangen dezimieren die Nagetiere, die Krankheiten übertragen und ihre Gärten verwüsten.“

Nadzab, Morobe Province, Papua-Neuguinea

*„1986 holte ich einen ertrunkenen 2 m langen Papua-Olivpython aus dem Netz eines Fischers am Fluss Binaturi. Die tote Schlange hatte im Magen einen Amethystpython (*M. amethistina*) derselben Länge, aber von geringerem Umfang als sie selbst. Bei dieser Art habe ich auch Keratophagie beobachtet. Ein Tier fraß seine abgestreifte Haut auf.“*

Kunini, Western Province, Papua-Neuguinea

Weißlippenpythons

Der Weißlippenpython, ursprünglich eine einzige Art, hat einen langen Kopf, einen ziemlich kräftigen Körper und keinen Greifschwanz. In ihrem großen Verbreitungsgebiet zeigt die Art ausgeprägte Variationen in der Färbung und Größe. Für jeden, der Exemplare aus verschiedenen Teilen Neuguineas gesehen hat, scheint offensichtlich zu sein, dass man es hier mit mehr als nur einer Art zu tun hat. Zur Zeit nähert sich eine detaillierte Studie der Gattung *Leiopython* ihrer Vollendung. *Leiopython albertisii* wird künftig nur eine von mehreren Arten in der Gattung sein. Der Weißlippenpython kommt auf Neuguinea und den vielen vorgelagerten Inseln vor. Sein nächster Verwandter ist, so glaubt man, der Bismarck-Ringpython von Neubritannien und Neuirland im Osten, einem Archipel, auf dem der Weißlippenpython zu fehlen scheint, obwohl er auf den abgelegenen St.-Matthias-Inseln, der New Ireland Province und im Norden des Bismarck-Archipels wieder vorkommt. Außer den Weißlippenpythons, die in diesem Buch beschrieben sind, scheint es, dass vier oder fünf verstreute Hochland- und Inselpopulationen ebenfalls Artstatus verdienen könnten. Was so lange als eine einzige Art galt, könnte bald in sechs oder sieben gültige Arten

S. 124: Die attraktiven Papua-Olivpythons (*Apodora papuana*) aus der Central Province, Papua-Neuguinea, haben einen grauen Kopf mit schwarz gerandeten Schilden.

Unten: Weißlippenpythons (*Leiopython albertisii*) haben einen kastanienbraunen Körper und einen glänzend schwarzen Kopf mit schwarzweiß gestrichelten Lippenschilden.

aufgespalten werden. Herangezogen werden dazu morphologische Merkmale und die Analyse der mtDNA.

Nördlicher Weißlippenpython – *Leiopython albertisii*

Hierbei handelt es sich um den ursprünglichen Weißlippenpython, der nach einem italienischen Entdecker des 19. Jahrhunderts, Luigi Maria D'Albertis, benannt und anhand von Tieren von den Vogelkop- und Onin-Halbinseln Irian Jayas beschrieben worden ist. Obwohl der Name *L. albertisii* für Weißlippenpythons aus ganz Neuguinea und von den umgebenden Inseln verwendet wurde, ist er heute auf Exemplare aus dem westlichen und nördlichen Irian Jaya und den Flachländern im Norden und Nordosten Papua-Neuguineas beschränkt. Nördliche Weißlippenpythons vom Festland sind mittelgroße Schlangen mit schillernd kastanienbraunem Rücken, der an den Flanken in ein helles Gelbbraun übergeht. Auf der Bauchseite sind sie fleckenlos cremefarben. Diese Körperfärbung kontrastiert scharf mit dem glänzend schwarzen Kopf und den kräftig schwarz und weiß gebänderten Oberlippenschilden. In den Flachlandregionen seines Verbreitungsgebietes ist das wohl die häufigste Python-Art (siehe unten). Im Süden nimmt dies der

Der Nördliche Weißlippenpython (*Leiopython albertisii*) ist der häufigste Python im nördlichen Papua-Neuguinea.

Teppichpython (*Morelia spilota*) für sich in Anspruch. Die Beute besteht vorwiegend aus kleinen Säugetieren. Unterarten von *L. albertisii* könnten von einigen der Inseln im Norden Neuguineas anerkannt werden, darunter von den isolierten St.-Matthias-Inseln. Von den Populationen auf dem Festland sind diese Schlangen durch das Verbreitungsgebiet des Bismarck-Ringpythons (S. 129) auf dem Bismarck-Archipel getrennt.

Verbreitung: nördliches Neuguinea und vorgelagerte Inseln
Länge: 1,0–1,8 m
Lebensraum: viele Habitate, bevorzugt im Küstenregenwald
Nahrung: Säugetiere und Vögel
Fortpflanzung: Eier legend, 10–14 Eier

„Wenn ich nachts entlang der Nordküste von Madang bis Alexishafen und weiter nach Süden fuhr, erwartete ich, Morelia amethistina, M. viridis *und* Apodora papuana *zu finden. Am häufigsten begegnete mir jedoch der Nördliche Weißlippenpython – im Küstenwald, in Sekundärvegetation, an Wasserläufen und in Kokosplantagen. Die einzige Schlange, die ich je in einem Haufen von Kokosnussfasern fand, war ein Weißlippenpython kurz vor der Häutung. Leider stieß ich auch auf viele tote Tiere, die überfahren oder über Telefonkabel geworfen worden waren. Diese Pythons zeigen das Abwehrverhalten kleiner Boas: Sie ballen sich zu einem Knäuel zusammen und verbergen den Kopf in der Mitte."*

Straße an der Küste der Madang Province, Papua-Neuguinea

Südlicher Weißlippenpython – *Leiopython* sp.

Diese Weißlippenpythons unterscheiden sich von der kastanienbraunen nördlichen Rasse sehr, und hätten sie nicht den glänzend schwarzen Kopf und die schwarz-weiß gestrichelten Oberlippenschilde, wären sie wahrscheinlich schon vor langer Zeit als getrennte Art beschrieben worden. Die südliche Form ist nicht nur viel dunkler, sondern ihre Körperfarbe ist ein schillerndes Blaugrau, das fast mit dem schwarzen Kopf und Hals verschmilzt.

Der Südliche Weißlippenpython kommt in den südlichen Flachländern von Timika, Irian Jaya, bis Central Province, Papua-Neuguinea, vor und gehört offiziell zur Herpetofauna Australiens, da er auf einigen der zu Australien gehörenden Inseln der Torresstraße lebt, obwohl diese nur wenige Kilometer vor Western Province liegen und von der Fauna her zu Papua-Neuguinea gehören. Exemplare, die auf der Kap-York-Halbinsel gefunden wurden, könnten falsch bestimmte Braune Wasserpythons (*Liasis fuscus*) sein. Zur Beute der Schlange gehören Nasenbeutler und Ratten, vielleicht größer als die, die ihr kleinerer nördlicher Verwandter fängt.

Verbreitung: südliches Neuguinea und nördliche Inseln der Torresstraße (Australien)
Länge: 1,5–2,5 m
Lebensraum: Monsunwälder des Tieflandes und Wälder in Flussnähe
Nahrung: Säugetiere und Vögel
Fortpflanzung: Eier legend, 9–16 Eier
Ähnliche Arten: Brauner Wasserpython (*Liasis fuscus*)

„Ich fand den Südlichen Weißlippenpython viel seltener als seinen kleineren nördlichen Verwandten, aber ich habe einige Exemplare an Flüssen gefangen, die durch den Monsunwald an der Küste der Western Province fließen. Außerdem fand ich Tiere, die unter Bäumen die Straßen überquerten, in Gegenden, in denen Wasserläufe die trockenen Savannen von Central Province durchziehen. Im Gegensatz zum Nördlichen Weißlippenpython habe ich bei den großen Exemplaren, die mir begegnet sind, nie beobachten können, dass sie sich zu einem Knäuel zusammenballen.“

Binaturi River, Western Province und
Goldie River, Central Province, Papua-Neuguinea

Pythons Neuguineas

Die meisten Pythons Neuguineas sind Arten des Festlandes, die sich auf den kleineren Inseln vor der Küste verbreitet haben. Die Inseln des Bismarck-Archipels (Neubritannien und Neuirland) jedoch sind relativ große, eigenständige Inseln. Hier lebt ein endemischer Inselpython, der nicht auf dem Festland vorkommt.

Bismarck-Ringpython – *Bothrochilus boa*

Diese Art ist auf Papua-Neuguinea endemisch und kommt nur auf dem Bismarck-Archipel vor. Der westlichste Nachweis dieses Pythons ist die Insel Umboi vor der Huon-Halbinsel über der Vitiaz-Straße. Von Umboi ist der Bismarck-Ringpython weit über die großen Inseln Neubritannien, Neuirland und Neuhannover verbreitet, außerdem auf vielen ihrer Inselgruppen mit Ausnahme der isolierten St.-Matthias-Inseln im Norden, wo *Leiopython albertisii* vorkommt. Der östlichste Nachweis des Bismarck-Ringpython stammt vom Nissan-Atoll der Green-Islands-Gruppe, die zu den nördlichen Salomonen (Bougainville-Province) gehören. Das Nissan-Atoll liegt zwischen Neuirland und Buka. Berichte von der Insel Bougainville selbst sind nicht bestätigt worden.

Diese Schlange ist klein bis mittelgroß, ziemlich schlank, mit schmalem, fast spitzem Kopf und ohne Greifschwanz. Die Jungschlangen sind leuchtend orangefarben und schwarz gebändert und haben einen glänzend schwarzen Kopf. Die Ringe können im Alter undeutlicher werden und sogar ganz von braunem Pigment überdeckt werden.

Der Python ist innerhalb seines Verbreitungsgebietes kaum mit einer anderen Art zu verwechseln, obwohl die giftigen Ottern Neuguineas und der Salomonen auch gebändert sein können. Sie kommen in ähnlichen Lebensräumen vor wie der Bismarck-Ringpython, jedoch in anderen Teilen Melanesiens. Deshalb ist eine Verwechslung unwahrscheinlich.

Wie viele der Schlangen von den Archipelen im Osten Neuguineas ist der Bismarck-Ringpython eine in freier Natur kaum erforschte Art, und über seine Lebensweise und Herkunft ist wenig bekannt. Die Schlangen leben verborgen wie alle Pythons Neuguineas. Ihre Beute besteht aus kleinen Säugetieren und am Boden lebenden Echsen. Leute, die auf Neubritannien und Neuirland gearbeitet haben, berichten, dass der Bismarck-Ringpython auch Schlangen frisst.

Verbreitung: Bismarck-Archipel, Papua-Neuguinea
Länge: 1,0–1,8 m
Lebensraum: wenig erforscht, Wälder und Kokosplantagen
Nahrung: kleine Säugetiere und Echsen (Skinke), möglicherweise Schlangen
Fortpflanzung: Eier legend, 9 Eier
Ähnliche Arten: Neuguinea-Kleinaugenotter (*Micropechis ikaheka*) von Karkar und dem Festland Neuguineas oder Salomonen-Kleinaugenotter (*Loveridgelaps elapoides*) von den Salomonen, siehe O'Shea (2006), S. 133–135.

S. 128: Südliche Weißlippenpythons (*Leiopython* sp.) sind dunkel blaugraue bis schwarze Schlangen. Sie sind größer und seltener anzutreffen als ihre nördlichen Verwandten.

Ganz oben: Der Bismarck-Ringpython (*Bothrochilus boa*) kommt nur auf dem Bismarck-Archipel, Papua-Neuguinea, vor.

Oben: Die leuchtend orangefarbene und schwarze Bänderung des Bismarck-Ringpython kann mit zunehmendem Alter verblassen.

Teppich- oder Rautenpythons

Diese Pythons besitzen einen breiten Kopf, der ihnen ein weites Öffnen des Maules ermöglicht. Der charakteristisch schmale Hals unterstreicht diesen Eindruck. Auf dem Kopf sind nur wenige große Schilde vorhanden, und die Wärmesinnesgruben befinden sich auf dem Rostrale, den vorderen Supralabialia und den meisten der Infralabialia. Diese Schlangen sind hoch spezialisierte Jäger von Säugetieren und Vögeln. Jungtiere ernähren sich aber zu einem relativ hohen Anteil auch von Echsen. Die Schlangen können sich, wenn nötig, gewandt auf Bäumen bewegen und besitzen einen ausgeprägten Greifschwanz.

Zentralaustralischer Python – *Morelia bredli*

Der Zentralaustralische Python, wissenschaftlich nach dem südaustralischen Herpetologen Joe Bredl benannt, wurde lange als Unterart des weit verbreiteten Teppichpython-Komplexes betrachtet. Artstatus erlangte er 1981 wegen der in fast jeder Hinsicht deutlich höheren Schuppenzahlen im Vergleich zu den Teppichpythons. Körperproportionen und Größe ähneln denen der Teppichpythons. Die höheren Schuppenzahlen lassen sich dadurch erklären, dass der Zentralaustralische Python viel kleinere Schuppen besitzt, eine Anpassung an das Leben in der Wüste. Wüstenschlangen haben häufig kleinere Schuppen im Vergleich zu Arten aus weniger trockenen Gegenden. Zentralaustralische Pythons sind lebhaft gefärbte Schlangen mit breiten, unterbrochenen rotorangefarbenen Bändern auf gelblichcremefarbenem Grund. Bei der Haltung im Terrarium verblasst dieses Muster zu Brauntönen, wenn die Schlange nicht genügend UV-Licht ausgesetzt ist. Obwohl die Schuppen am Oberkopf fragmentiert sind, befinden sich einige leicht vergrößerte Schilde über der Schnauze, und der Frontalschild zwischen den Augen ist zwei- bis dreimal größer als die ihn umgebenden Schuppen.

Zentralaustralische Pythons kommen in einem relativ begrenzten Gebiet vor, im Gebirgszug der MacDonnell Ranges im südlichen Northern Territory bei Alice Springs. Man findet sie in den Schluchten und trockenen Abflüssen des Todd und Charles River, sowohl in den Bäumen als auch an den Böschungen. Ihre Aktivität ist von der Jahreszeit abhängig, und obwohl sie während der Sommermonate nachtaktiv sind, sind die Pythons im Frühjahr und Herbst eher dämmerungs- und sogar tagaktiv, da die Nachttemperaturen dann zu niedrig für wechselwarme Reptilien sind. Die Beute besteht aus Jungvögeln in Baumlöchern, Beuteltieren von Kletterbeutlern bis Felsenkängurus und sogar Hauskatzen. Auch Kaninchen werden wahrscheinlich erbeutet, denn große Exemplare dieser Schlangen sieht man oft in der Nähe von Kaninchenbauen.

Verbreitung: südliches Northern Territory, Australien
Länge: 1,5–2,6 m
Lebensraum: Felsböschungen und Spalten und Akazien-Baumland an Wasserläufen
Nahrung: Säugetiere und Vögel
Fortpflanzung: Eier legend, 13–47 Eier

Teppich- oder Rautenpython – *Morelia spilota*

Was den taxonomischen Status und die Verbreitung des Teppichpython-Komplexes betrifft, gab es beträchtliche Unklarheiten. Der am weitesten verbreitete australische Python bewohnt die meisten Teile Nord-, Ost- und Südwestaustraliens, in Victoria und auf Tasmanien fehlt er jedoch. In der Südhälfte der Great Dividing Range und den Wüsten im Zentrum und Westen von Australiens kommt er ebenfalls vor. Teppichpythons leben auch in der Torresstraße im Süden Neuguineas und sogar im nordwestlichen Neuguinea.

S. 130: Der Zentralaustralische Python (*Morelia bredli*) bewohnt vor allem trockene Lebensräume, besonders trockene Schluchten und Felsböschungen um Alice Springs.

Unten: Der Diamantpython (*Morelia spilota spilota*) ist die Nominatform des Teppichpythons, in seiner Verbreitung jedoch beschränkt auf die Küstengebiete von New South Wales und des nördlichen Victoria.

Mit Ausnahme von *M. s. spilota* und *M. s. cheynei* (siehe unten) tragen die meisten Teppichpythons rote oder braune unregelmäßige Flecke mit dunklem Rand auf heller gelbem bis hellbraunem Grund. Die Flecke können sich über dem Rücken treffen oder seitlich zu Bändern verschmelzen. Mehrere Bänder derselben Farbe verlaufen nach vorn bis auf den Kopf, durch das Auge bis zur Schnauze. Früher galten alle heutigen Unterarten außer der Nominatform *M. s. spilota* als eine einzige Unterart, *M. s. variegata*. Es ist sehr wahrscheinlich, dass weitere Untersuchungen und Aufsammlungen, besonders auf Neuguinea, in Verbindung mit Fortschritten in der DNA-Analyse dazu führen werden, dass weitere Formen beschrieben werden. Im Terrarium gehaltene Tiere werden leider häufig gekreuzt. Das ist von Nachteil, wenn man Zuchtgruppen bedrohter Arten erhalten will. In Australien sind Teppichpythons als „Carpet Snakes" bekannt, auf Papua-Neuguinea nennt man sie wie alle Pythons „Moran".

Verbreitung: Nord-, Ost- und Südwestaustralien, Neuguinea
Länge: 1,4–2,8 m, gelegenlich über 4 m
Lebensraum: feuchte und trockene Gegenden, Savannen, Wälder und felsiges Gelände
Nahrung: Säugetiere und Vögel, Echsen, besonders Jungtiere
Fortpflanzung: Eier legend, 11–28 Eier (12–54 bei größeren Unterarten)

Oben: Der Nordwestliche Teppichpython (*Morelia spilota variegata*) kommt in der nördlichen Hälfte Australiens vor.

S. 133: *Morelia spilota cheynei* ist der auffälligste Teppichpython und auch die Unterart mit dem kleinsten Verbreitungsgebiet.

Unterarten von *Morelia spilota*

Ursprünglich waren nur zwei Unterarten anerkannt, bis zu acht sind jedoch vorgeschlagen worden. Heute sind sechs davon allgemein akzeptiert. Die Gültigkeit der papuanischen Unterart ist umstritten.

Diamantpython – *Morelia spilota spilota*

Die Nominatform des Teppichpython ist leicht zu erkennen. Ihre Grundfarbe ist gelb bis cremefarben, überlagert von einer auffallenden schwarzen Netzzeichung. Die Schuppen der cremefarbenen Schlange sind schwarz umrandet, und entlang des Körpers verlaufen vier Längsreihen mit cremefarbenen rauten- oder diamantförmigen Abzeichen, die kräftig schwarz eingefasst sind.

Der Diamantpython hat ein begrenztes Verbreitungsgebiet. Er kommt an der Küste von New South Wales südlich bis nach Victoria vor und ist somit der am weitesten im Süden vorkommende Python der Erde. Von den westlichen Teppichpythons ist er durch die Great Dividing Range getrennt. Nur im äußersten Norden seines Verbreitungsgebietes trifft er mit *Morelia s. mcdowelli* zusammen, und hier kreuzen sich Berichten zufolge beide Formen.

Die Lebensräume des Diamantpython in diesem relativ kühlen Teil Australiens reichen von trockenen Wäldern bis zu steilen Sandsteinformationen, und welche davon die Schlangen bevorzugen und wie aktiv sie sind, hängt von den stark augeprägten jahreszeitlichen Unterschieden ab. Oft überwintern sie in nach Norden weisenden, von der Kälte aus dem Süden abgewandten Felsspalten. Da Diamantpythons in der Nähe dicht besiedelter Orte vorkommen, dringen sie auch in Gärten ein und überwintern in Speichern.

Die Beute der Diamantpythons besteht vorwiegend aus Säugetieren. Vor allem Jungtiere erbeuten auch verschiedene Echsen und Vögel.

*„Im Mai 2001 suchte ich mit dem australischen Herpetologen Jonathan Webb an den steilen Hawkesbury-Sandsteinformationen im Westen von Sydney nach Breitkopfottern (*Hoplocephalus bungaroides*), als wir eine überraschende Entdeckung machten. An einer schmalen Spalte hoch oben an einem Hang entdeckten wir einen großen Diamantpython, der offenbar eben aus der Spalte gekrochen war, um sich zu sonnen. Für mich war das ein sehr aufregender Anblick, denn ich hatte noch nie zuvor einen Diamantpython in freier Natur gesehen.“*

Morton-Nationalpark, New South Wales

Nordwestlicher Teppichpython – *Morelia spilota variegata*

Ursprunglich ordnete man alle Teppichpythons mit Ausnahme des Diamantpython dieser Unterart zu. Das Verbreitungsgebiet dieser Form, wie man sie heute betrachtet, reicht von Broome und den Kimberleys in Westaustralien durch das Northern Territory über den Südosten des Carpentaria-Golfs einschließlich der Inseln im Golf bis hinauf zur Mitte der Westküste der Kap-York-Halbinsel. Die Schlangen sind Bewohner von Baumsteppen, Monsunwäldern und trockenen Wäldern, anders als die über die Arafurasee verbreiteten Schlangen, die früher in diese Unterart eingeschlossen wurden und die offene Savannenlandschaften bevorzugen.

Südwestlicher Teppichpython – *Morelia spilota imbricata*

Der Südwestliche Teppichpython ist die einzige Festlandform des Teppichpython, die keinen Kontakt zu irgendeiner anderen Unterart hat. Er wurde 1981 als dritte Unterart anerkannt. Dieser Python kommt in unterschiedlichen Lebensräumen vor, von Grasland bis hin zu bewaldeten Hügeln, und ist in der Verbreitung beschränkt auf das südwestliche Westaustralien. Die Region nennt man auch den Weizengürtel, und die ausgedehnten Monokulturen und die Lebenraumzerstörung könnten das Überleben dieser isolierten Unterart gefährden. Diese Unterart unter Schutz zu stellen ist sicherlich ein Anliegen australischer Naturschutzverbände.

Unterschiede in der Beschuppung grenzen diese Unterart von östlicheren Formen ab. Außerdem sind die Tiere gedeckter und dunkler gefärbt als ihre Verwandten.

Eine isolierte Population der Unterart findet man auch auf der kleinen, windgepeitschten Isle of St. Francis vor Südaustralien. Die Insel ist mit Heideland und verkrüppelten Bäumen bewachsen, das Klima neblig und feucht. Die Pythons hier sind klein, weniger als 1,5 m lang, und zeigen einige merkwürdige Beschuppungsmerkmale, darunter das Verschmelzen von Schuppen an Kopf und Schwanz. Die Bedingungen auf der Insel sind offensichtlich für die hier vorkommende Tigerottern-Population (eine lebend gebärende Giftnatter) geeignet, für einen Eier legenden Python hingegen scheinen sie auf den ersten Blick nicht so ideal zu sein. Das Vorkommen der Art ist daher vermutlich vollkommen von der Population der Kurzschwanz-Sturmtaucher abhängig, die Erdhöhlen anlegen. Die Baue bieten Schutz und Plätze, wo die Schlangen die Eier ablegen können, und für einige Wochen im Jahr bescheren die Vögel den Schlangen Beute im Überfluss. Junge Pythons und Tigerottern müssen von Echsen leben, denn es gibt keine kleinen Säugetiere. Diese Population verdient es sicherlich, erforscht und geschützt zu werden.

Küsten-Teppichpython – *Morelia spilota mcdowelli*

Der wissenschaftliche Name dieser Unterart ist SAMUEL MCDOWELL gewidmet, dem amerikanischen Herpetologen, der die Schlangen Melanesiens intensiv erforschte. Der Küsten-Teppichpython ist vom nordöstlichen New South Wales bis zur nördlichen Kap-York-Halbinsel im Osten der Great Dividing Range verbreitet. In Zentral-Queensland kommt er auch im Westen der Great Dividing Range auf Schwarzerdeböden vor.

Diese Schlangen können recht groß werden. Die maximale Länge beträgt zwischen 1,8 und 2,7 m, und es gibt Berichte von Exemplaren mit über 4 m Länge. Die Größe der Beutetiere nimmt mit der Größe der Schlange zu, und Katzen, Nasen- und Kletterbeutler werden häufig erbeutet. Wasseragamen und Fledermäuse kommen ebenfalls als Beute in Frage. Der bevorzugte Lebensraum scheinen Baumbestände und Wälder zu sein.

Regenwald-Teppichpython – *Morelia spilota cheynei*

Diese Unterart ist bei Schlangenhaltern eine der beliebtesten Formen, und einige Exemplare sehen wirklich spektakulär aus. Es ist jedoch schwierig zu sagen, was davon auf selektiver Zucht beruht und was natürlich ist. Viele dieser Schlangen sehen aus wie hellere Exemplare von *Morelia spilota mcdowelli*, einige sind jedoch intensiver gemustert mit kräftig schwarzen Bändern auf leuchtend gelbem Grund, manche sogar mit breiten schwarzen Bändern, zwischen denen nur feine gelbe Streifen verbleiben.

Diese Form hat das kleinste Verbreitungsgebiet aller anerkannten Unterarten. Sie kommt an den Wasserläufen vor, die von den Atherton Tablelands im Südosten der Kap-York-Halbinsel abfließen. Dieses Gebiet liegt in der Mitte des Verbreitungsgebiets des weit verbreiteten *M. s. mcdowelli*. Man nimmt aber

Links: Ein Teppichpython aus der Central Province Neuguineas. Die um Port Moresby früher häufigste Art wird hier immer seltener.

an, dass beide Unterarten nicht an denselben Stellen vorkommen. *Morelia spilota cheynei* bewohnt die subtropischen Regenwälder der Region, besonders entlang der Wasserläufe. Vom ursprünglichen Wald ist hier jedoch nur wenig erhalten geblieben.

Inland-Teppichpython – *Morelia spilota metcalfei*

Im Westen der Great Dividing Range kommt die weit verbreitete und variable Unterart *Morelia spilota metcalfei* vor, vom zentralen Queensland bis zur Grenzregion zwischen New South Wales und Victoria und entlang der Südküste Südaustraliens von Adelaide zur Eyre-Halbinsel. Dies ist die einzige Unterart, die in allen Staaten auf dem Festland außer in Westaustralien lebt. Manche Autoren sind jedoch der die Meinung, dass ihr in Wirklichkeit verschiedenen Formen angehören könnten.

Morelia spilota macrospila

Diese Unterart, die 1909 von einem unbekannten Ort beschrieben wurde, hat heute keine Gültigkeit mehr.

Papua-Teppichpythons – *Morelia spilota* ssp.

Der Status aller Teppichpythons Neuguineas ist umstritten. Sie kommen in Papua-Neuguinea vor, um Port Moresby in der Central Province, über dem Golf von Papua in den saisonal überfluteten Savannen der Western Province und über die Grenze ins benachbarte Irian Jaya bis Merauke. Isolierte Populationen könnten auch die kleinen Savannen der Golf Province bewohnen. In Papua-Neuguinea scheint diese Art jedoch nicht in Baumland oder Wäldern oder den Bergen im Norden vorzukommen. Der Python wurde in den grasbewachsenen Tälern der Highlands nicht gefunden, auch nicht in den Flachländern an der Küste von Morobe, Madang oder der Sepik-Region im Norden. Dennoch gibt es Berichte vom nordwestlichen indonesischen Neuguinea. Folglich ist entweder jeder Lebensraum für ihre Ausbreitung in den Westen geeignet oder diese Schlangen haben sich an Gebiete angepasst, die sich von denen unterscheiden, die sie auf Papua-Neuguinea bewohnen. Die Populationen auf Neuguinea sind isoliert und fragmentiert.

Meiner Erfahrung nach sind diese Teppichpythons aggressiv und beißen schnell. Große Exemplare aus der Western Province sind besonders kräftig gebaut und haben einen breiten Kopf, anders als die schlankeren Tiere aus der Central Province, die ich gesehen habe. Diesen Python findet man in den Savannen um Port Moresby am häufigsten.

„Ich hatte den Eindruck, dass Teppichpythons die häufigsten Pythons in den eher feuchten Gegenden um Port Moresby sind. Während der zwanzig Jahre, in denen ich Papua-Neuguinea besuche, habe ich jedoch festgestellt, dass sie deutlich seltener werden. Ich fürchte, dass der Lebensraumverlust durch Bebauung, mehr Straßenverkehr und die aktive Verfolgung durch eine wachsende Bevölkerung die Schlangen in diesem schmalen Savannen-Küstenstreifen bedrohen. In Port Moresby selbst findet man selten einen Teppichpython, obwohl er hier einst sehr häufig war. Ich habe einige Plätze in den Vororten gefunden, wo Teppichpythons häufig vorkamen. Dort ließ ich meist zwei der Tiere frei, die ich in der Stadt gefangen hatte. Aber auch diese Gebiete sind keine Rückzugsgebiete mehr, da dichtes Kunai-Gras gerodet und Straßen durch den Busch geschnitten werden. Vorbei sind die Tage, an denen ich acht Teppichpythons auf einmal in einem aufgegebenen Minengelände finden konnte."
Port Moresby und Sogeri, Central Province, Papua-Neuguinea

„Spät am Abend verließ ich die Universität von Papua-Neuguinea und lief mit einem Sack durch die Stadt zu meiner Unterkunft. Ein Einheimischer schloss sich mir an und verwickelte mich in eine überfreundliche Konversation. Schließlich, als wir einen abgelegeneren Teil der Stadt erreichten, fragte er mich, was er sicherlich schon die ganze Zeit wissen wollte: Was sich in dem Sack befände. Ich hatte diese Frage erwartet, und sagte ihm, dass er drei Mal raten dürfe. Wenn er richtig läge, würde er den Sack bekommen. Er riet drei Mal und tippte auf drei wertvolle Dinge, die man einem Fremden bestimmt nicht freiwillig überlassen würde. Ich sagte ihm, dass er falsch läge, aber weil er sich so bemüht habe, dürfe er einen Blick in den Sack werfen. Ich löste den Strick, und er schaute hinein – ein großer Teppichpython schaute ihn an. Bevor ich den Sack wieder verschlossen hatte, war er um eine Ecke verschwunden." *Port Moresby, Papua-Neuguinea*

Seltene australische Pythons

Obwohl Australien ein riesiger Kontinent ist, überrascht es, dass große Schlangen wie Pythons der Wissenschaft bis zum Ende des 20. Jahrhunderts nicht bekannt waren. Zwei neue Arten sind im Northern Territory und in Westaustralien entdeckt worden, und im Outback könnten sich noch durchaus weitere verbergen.

Oenpellipython – *Morelia oenpelliensis*

Der Oenpellipython, den man in den Sandsteinformationen um Oenpelli im abgelegenen westlichen Arnhemland im Northern Territory findet, ist ein extrem schlanker und leicht gebauter Python – vermutlich ist er sogar der schlankste und lang gestreckteste Python der Erde. Die ganze Schlange sieht aus, als wäre sie in die Länge gezogen worden, und sogar der Kopf ist lang und schlank. Dieser Eindruck wird noch durch die hervortretenden, leicht nach vorn weisenden Augen der Schlangen zusätzlich verstärkt.

Der Oenpellipython ist auch eine der wenigen Python-Arten, die ihre Farbe leicht wechseln können. Die Tiere sind nachts blass pastellfarben mit etwas dunkleren Flecken und tagsüber dunkler mit rötlichen oder gräulichen Flecken, die mit der Farbe des Erdbodens verschmelzen.

Der Lebensraum des Oenpellipythons sind steile verwitterten Sandsteinformationen und der dichte Wald an ihrem Fuß, ähnlich wie beim Rauschuppenpython (*M. carinata*) weiter im Westen (siehe unten). Der schlanke Oenpellipython ernährt sich zu einem großen Teil von Vögeln, von denen er manche möglicherweise auf Bäumen fängt, die Früchte tragen. Er kann jedoch sogar überraschend große Beute überwältigen, darunter auch kleine Wallabys. Möglicherweise gehören auch Echsen zu seiner Nahrung, da sie in diesen felsigen Lebensräumen häufig zu finden sind.

Obwohl der Oenpellipython erst seit 1977 der Wissenschaft bekannt und beschrieben ist, kennen die Aborigines dieser Region die Art gut. Sie nennen sie „Nawaran“ und bilden ihn in ihren Petroglyphen und Bildern ab.

Verbreitung: Arnhemland, Northern Territory, Australien
Länge: 3,0–4,5 m
Lebensraum: Sandsteinfelsen und steiniges Gelände
Nahrung: Säugetiere und Vögel
Fortpflanzung: Eier legend, 4–9 Eier

Rauschuppenpython – *Morelia carinata*

Diese Art ist möglicherweise die Python-Art mit dem kleinsten Verbreitungsgebiet. Es befindet sich innerhalb eines 50 Meilen langen Bereichs entlang der Flüsse Mitchell und Hunter in den abgelegenen Kimberleys in Westaustralien. Wie der Oenpellipython bewohnt der Rauschuppenpython mit Felsen durchsetzte Schluchten, die von Monsunwäldern überwachsen sind. Wie über den Oenpellipython weiß man auch über diese Art wenig. Man kennt weniger als zehn Exemplare.

Auf den ersten Blick ähneln die rotbraune Färbung und das fleckige Muster dem des Teppichpythons (*M. spilota*) oder des Zentralaustralischen Pythons (*M. bredli*). Es gibt jedoch zwei offensichtliche Unterschiede. Der Rauschuppenpython hat stark gekielte Rückenschuppen, vor allem am Körper, weniger an Kopf, Hals und Schwanz. Obwohl das bei Wüstenschlangen ein häufiges Merkmal ist, hat kein anderer Python der Erde gekielte Schuppen. Außerdem besitzt er eine vergrößerte runde Schuppe in der Mitte des Kopfes, die ihn ebenfalls von anderen Pythons unterscheidet. Im Muster fehlt jedes schwarze Pigment.

Unten: Der Oenpellipython (*Morelia oenpelliensis*) von Arnhemland im Northern Territory wird 4,5 m lang. Wissenschaftlich beschrieben wurde er erst 1977.

Die Beute dieses Pythons sind wahrscheinlich Vögel, denn er hat extrem lange Zähne, die das Gefieder leicht durchdringen könnten. Auch kleine Säugetiere und Echsen verschmäht er vermutlich nicht.

Während mehrerer Expeditionen zur Schlucht des Hunter River wurden Tiere für die Nachzucht im Australian Reptile Park in Gosford, New South Wales, gefangen. Das Zuchtprogramm war erfolgreich, und bisher schlüpften aus sieben Gelegen Junge.

Verbreitung: Kimberley-Region, Westaustralien
Länge: 1,2–2,0 m
Lebensraum: Sandsteinschluchten und Monsunwälder
Nahrung: wahrscheinlich Vögel, vielleicht auch kleine Säugetiere und Echsen
Fortpflanzung: Eier legend, 10–14 Eier
Ähnliche Arten: Teppichpython (*Morelia spilota* spp.) und Zentralaustralischer Python (*M. bredli*).

*„Ich begleitete John Weigel vom Australian Reptile Park auf einer seiner Expeditionen, die er durchführte, um Rauschuppenpythons zu finden. Wir campierten zehn Tage lang in einer Schlucht, aber erst am neunten Tag fand John einen weiblichen Rauschuppenpython, der in einem Baum ruhte. Am nächsten Tag, als die Filmcrew bereits ihre Geräte zum Aufbruch verpackte, hörte ich Johns Freund Alf Britton aus der Schlucht rufen. Als ich zu ihm kam, wand er einen Rauschuppenpython aus dem Maul eines großen Olivpythons (*Liasis olivaceus*). Gegen Ende der Expedition hatte John dann endlich das zweite Pärchen gefangen, das er noch für sein Nachzuchtprogramm benötigte.“*

Hunter River, Kimberleys, Westaustralien

Baumpythons

Viele der Pythons Australasiens sind den Boden bewohnende Schlangen, und obwohl alle klettern können, kann nur eine Art tatsächlich als „Baumpython“ bezeichnet werden. Sie gehört zu den attraktivsten Schlangen der Erde und zeigt eine verblüffende Ähnlichkeit mit dem Grünen Hundskopfschlinger, der im Amazonasbecken vorkommt.

Grüner Baumpython – *Morelia viridis*

Der Grüne Baumpython ist wahrscheinlich der bekannteste Python der indoaustralischen Region. Mit Sicherheit gehört er zu den Arten, die am häufigsten fotografiert wurden und über die am meisten geschrieben wurde. Ohne Zweifel ist er sehr schön und bei Schlangenhaltern sehr begehrt. Ursprünglich wurde er der allumfassenden Gattung *Python* zugeschrieben. Dann stand der Grüne Baumpython 120 Jahre lang in seiner eigenen monotypischen Gattung *Chondropython*. Dieser Name weist auf seine kleinen, gekörnten Körperschuppen hin. 1990 erkannte man, dass der Grüne Baumpython dem Teppichpython-Komplex (*Morelia spilota*) nahe steht, und die Art wurde in die Gattung *Morelia* gestellt.

Der Grüne Baumpython hat eine weite Verbreitung. Er kommt in ganz Neuguinea bis in 2000 m Höhe vor, sowohl in Irian Jaya als auch in Papua-Neuguinea, und auf vielen der kleinen Inselgruppen vor, wie Misool und Salawatti im Westen, Aru im Südwesten, Yapen, Biak und anderen Inseln der Geelvink Bay im Nordwesten, Fergusson und Normanby Island (d'Entrecasteaux-Archipel) im Südosten, Daru und den Inseln der Torresstraße im Süden, sowie einem sehr schmalen Küstenregenwaldstreifen auf der nordöstlichen Kap-York-Halbinsel, Queensland, südlich bis zum Norman River.

Da dieser Python eine sehr variable Art ist, sowohl in der Färbung als auch in den Körperproportionen, unterscheiden viele Reptilienhalter zwischen unterschiedlichen Populationen, besonders zwischen Inselpopulationen, die sie als Aru-, Sorong-, Beak- oder Yapen-Rassen definieren. Keiner dieser Namen hat eine wissenschaftliche Gültigkeit, und es gibt keine anerkannten Unterarten.

Grüne Baumpythons sind mit vielen Reihen kleiner Körperschuppen bedeckt. Sogar die Schilde auf dem Kopf sind fragmentiert und nur so groß wie die Körperschuppen. Adulte Schlangen sind im Allgemeinen oberseits grün und unterseits gelb, mit oder ohne Zeichnungen, die nur aus eingestreuten weißen oder gelben Schuppen bestehen können oder auch aus einer hellblauen Linie auf dem Rücken mit seitlichen Fortsätzen in Kombination mit großen Flecken in Gelb oder Weiß. Einige der im Terrarium gezüchteten Tiere sehen wirklich erstaunlich aus.

Die Jungtiere sind ebenso vielfältig gemustert. Die meisten sind leuchtend gelb mit weißen Flecken und Streifen, die hellbraun gesäumt sind, manche sind jedoch orangefarben, ziegelrot oder sogar fast schwarz mit auffallender gelber Zeichnung. Gelegentlich sind die Jungtiere zunächst grün wie die adulten Schlangen, aber fast alle Tiere wechseln im zweiten Jahr die Farbe. Besonders erstaunlich ist bei jungen Grünen Baumpythons, dass das große, runde Auge von einem Streifen geteilt wird, der von der Schnauze aus durch das Auge und bis zum Mundwinkel verläuft. In Verbindung mit der senkrecht elliptischen Pupille bricht dieses Muster vielleicht den Umriss des Auges auf. Die Schwanzspitze ist bei jungen und erwachsenen Tieren anders gefärbt als der restliche Körper. Zumindest Jungtiere verwenden sie, um Beutetiere in ihre Reichweite zu locken.

Die lebhaften unterschiedlichen Färbungen von Jungtieren und Adulten des Grünen Baumpython ähneln denen des ebenfalls baumbewohnenden südamerikanischen Grünen Hundskopfschlingers (*Corallus caninus*, S. 39) so sehr, dass die beiden Arten für Laien nicht zu unterscheiden sind. Die adulten Schlangen sind mit ihrer Färbung im Regenwald getarnt. Der Grund der verblüffenden und scheinbar sehr auffälligen Färbung der Jungtiere beider Arten ist jedoch noch immer ein Rätsel. Der Grüne Baumpython und der Grüne Hundskopfschlinger sind wohl die am häufigsten angeführten Beispiele konvergenter Evolution bei Schlangen. Am leichtesten kann man die beiden Arten unterscheiden, indem man sich die Seiten des Kopfes genau ansieht. Beim Grünen Baumpython weisen die Mehrzahl der Supralabialia (Oberlippenschilde) außer dem Rostralschild und den vorderen zwei oder drei Schuppen auf jeder Seite keine tiefen Wärmesinnesgruben auf. Beim Hundskopfschlinger hingegen sind in allen Supralabialia hinter dem Auge tiefe Labialgruben zu erkennen. Die Schnauze des Grünen Hundskopfschlingers ist außerdem länger und spitzer als die des Grünen Baumpythons.

Obwohl der Greifschwanz und der Körperbau darauf schließen lassen, dass es sich um eine primär baumbewohnende Art

Rechts: Junge Grüne Baumpythons (*Morelia viridis*) sind sehr schön gefärbt, gelb oder orangefarben mit schwarzen oder braunen und weißen Rückenzeichnungen.

S. 136: Der seltene Rauschuppenpython (*Morelia carinata*) bewohnt Flusstäler in der abgelegenen Kimberley-Region Westaustraliens.

handelt, sieht man den Grünen Baumpython nicht selten nachts auf dem Boden umherstreifen. Die Tiere führen Kommentkämpfe aus, überqueren Straßen, jagen am Boden lebende Säugetiere oder suchen Partner. Jungtiere findet man nachts auch zusammengerollt in niedriger Vegetation, sogar in Gartenhecken, und sie scheinen sich zu einem höheren Anteil von kleinen Echsen zu ernähren als ihre größeren Artgenossen. Es wurde noch nicht untersucht, zu welchem Anteil, wenn überhaupt, sie Vögel oder Fledermäuse erbeuten, wie das der Grüne Hundskopfschlinger häufig tut.

Verbreitung: östliches Indonesien, Neuguinea und östliche Kap-York-Halbinsel, Queensland, Australien

Länge: 1,6–2,2 m

Lebensraum: Küstenwald und Regenwald, aber auch Gärten und sekundäre Vegetation bis in 2000 m Höhe

Nahrung: Erwachsene fressen kleine Säugetiere, Jungtiere auch Echsen

Fortpflanzung: Eier legend, 6–32 Eier

Ähnliche Arten: Grüner Hundskopfschlinger (*Corallus caninus*)

„Ich habe viele Grüne Baumpythons in Papua-Neuguinea gesehen, aber die beiden Exemplare, an die ich mich am lebhaftesten erinnere, habe nicht ich gefunden. Einmal aß ich im Restaurant meiner Unterkunft zu Abend, als jemand kam und mit lauter Stimme und zum großen Interesse aller Anwesenden sagte: „Mark, die Polizei ist draußen, und sie wollen mit dir reden!“ Ich ging nach draußen und sah ein Polizeifahrzeug und fünf bewaffnete Polizisten. Zunächst war ich verunsichert, weil ich nicht wusste, was sie von mir wollten. Ich war sehr erleichtert, als sie lächelten und mir einen Sack übergaben, in dem sich ein schöner weiblicher Grüner Baumpython befand, den sie auf der Straße zwei Fahrtstunden weit im Norden aufgesammelt hatten. Auch im zweiten Fall war die Obrigkeit beteiligt. Im National Museum in Port Moresby bekam ich Besuch von den Sicherheitskräften der Residenz des Premierministers, die sich in derselben Straße befand. Sie schenkten mir den prächtigsten weiblichen Grünen Baumpython, den ich bei all meinen Besuchen auf Papua-Neuguinea gesehen habe.“

Jais Aben, Madang Province; Port Moresby, Papua-Neuguinea

Oben: Der Grüne Baumpython ähnelt dem südamerikanischen Grünen Hundskopfschlinger (*Corallus caninus*) stark. In den meisten seiner Oberlippenschilde befinden sich aber keine Wärmesinnesgruben.

Links: Ein adulter Grüner Baumpython in typischer Schlafhaltung mit aufgerolltem Körper und dem Kopf in der Mitte.

Buschpythons

Außer als Amethystpythons werden diese großen indoaustralischen Pythons auch gelegentlich als Buschpythons bezeichnet. Der Name „Scrub Python“ taucht am häufigsten in der australischen und manchmal in der amerikanischen Literatur auf. Er verweist auf das halbtrockene Savannen-Baumland, das von einigen Populationen bewohnt wird. Der Name „Amethystpython“, der in der deutschen Literatur hauptsächlich verwendet wird, verweist wie der wissenschaftliche Name *Morelia amethistina* auf das Schillern, das sichtbar wird, wenn Sonnenlicht auf die Körperschuppen fällt. Das ist ein häufiges Merkmal nachtaktiver Schlangen und geht oft in in ihre Namen ein, wie bei der Regenbogenboa oder der Regenbogen-Erdschlange. Möglicherweise löst dieses Schillern den Umriss des Schlangenkörpers bei Tageslicht auf, sodass Raubtiere irritiert sind.

Die Busch- oder Amethystpythons wurden lange als eine einzige weit verbreitete Art betrachtet, die aus der Nominatform aus Neuguinea und dem östlichen Indonesien sowie einer Unterart aus Queensland in Australien bestand, die 1933 beschrieben worden war. Eine jüngere Untersuchung des Amethystpython-Komplexes (Harvey et al., 2000*) erhob nicht nur die Population von Queensland in den Rang einer Art; es wurden auch drei neue Arten von den Inseln im Westen Neuguineas identifiziert. Was einst eine einzige Art war, ist heute ein Komplex mit fünf Arten. Die Autoren der Studie vermuten auch, dass weitere Arten aus dem nördlichen und südlichen Neuguinea und vom Bismarck-Archipel beschrieben werden könnten, eine Hypothese, die ich voll unterstütze, da ich die Diversität der Amethystpythons auf Papua Neuguinea beobachtet habe. Ich werde den Begriff „Buschpython“ für alle Arten verwenden, die nicht im ursprünglichen Namen *M. amethistina* eingeschlossen sind.

Die fünf Arten innerhalb des *Morelia-amethistina*-Komplexes wurden zum Teil anhand von Unterschieden in ihrer DNA beschrieben. Zum Glück für alle Pythonbegeisterten und Freilandbiologen haben die Autoren der im Jahr 2000 erschienenen Studie auch morphologische Merkmale in ihre Artdefinitionen eingeschlossen, wie Unterschiede in der Kopfbeschuppung und der Zeichnung, sodass es möglich ist, die fünf Arten durch morphologische Untersuchungen zu identifizieren. Da die Unterschiede in der Beschuppung zu komplex sind, um sie hier anzuführen, sei der interessierte Leser auf die Originalveröffentlichung mit ihren schönen Illustrationen der Kopfschuppen verwiesen. Alle fünf Arten sind unten aufgeführt, aber es sei noch einmal erwähnt, dass der *Morelia-amethistina*-Komplex vielleicht noch drei oder mehr bisher unbeschriebene Arten enthält.

Die Buschpythons sind alle relativ große Schlangen, obwohl einige Angaben zu den drei neuen Arten fehlen. Sie sind ziemlich lang gestreckt mit kräftigem, muskulösem Körper, langem Kopf und Greifschwanz. Wie alle Pythons sind sie vorwiegend nachtaktiv, halten sich am Erdboden auf und sind auch sehr gut an das Klettern angepasst. Ihre Körperform ist perfekt für eine baumbewohnende Lebensweise. Das Beutespektrum kann deshalb sehr vielfältig sein. Nicht nur große und kräftige am Boden lebende Säugetiere wie Wallabys und große Hühnervögel werden erbeutet, sondern auch baumbewohnende Arten wie Kuskus, Gleitbeutler, Baumkängurus, Flughunde und Vögel. Manche dieser Pythons haben sich auf die riesigen Kolonien der Flughunde spezialisiert.

* Harvey, M. B., D. G. Barker, L. K. Ammerman & P. T. Chippindale (2000): Systematics of pythons of the *Morelia amethistina* complex (Serpentes: Boidae) with a description of three new species. Herpetological Monographs 14: 139–185.

Der Amethystpython (*Morelia amethistina*) ist eine große Art aus Neuguinea, die auch Wallabys erbeutet.

Amethystpython – *Morelia amethistina*

Zum Zeitpunkt des Schreibens dieses Buches beinhaltet dieses Taxon noch Amethystpythons, die über ein großes Gebiet verbreitet sind, und die Autoren der Studie von 2000 haben mit ihrem Vorschlag fast mit Sicherheit Recht, dass *M. amethistina* noch drei weitere Arten beinhalten könnte. Es scheint eine Form aus dem Norden Neuguineas zu geben, die von Sorong im äußersten Westen der Vogelkop-Halbinsel bis nach Jayapura und weiter bis ins nördliche Papua-Neuguinea in die Sepik-Region verbreitet ist. Sie wird als helle bis mittelbraune Schlange mit dunklem Muster beschrieben, das als ein Paar kräftiger Querbänder auf dem Nacken beginnt und sich auf dem Körper fortsetzt, jedoch am hinteren Drittel des Körpers und am Schwanz fehlt. Die vorderen Supralabialia (Oberlippenschilde) sind kräftig schwarz gerandet. Innerhalb dieser Rasse gibt es eine Form, die außer den zwei dunklen Nackenbändern kein Muster aufweist.

Eine südliche Form Neuguineas kommt in der Merauke-Region im südlichen Irian Jaya vor, auch hinter der Grenze in die Western, Gulf und Central Provinces von Papua-Neuguinea. Die Autoren der Studie von 2000 ordneten auch die Inselpopulationen von den Aru- und Kei-Inseln in der Arafurasea im Süden von Irian Jaya dieser Form zu und merkten an, dass die Population auf der Insel Biak im Nordwesten Neuguineas größere Ähn-

lichkeit zu den südlicheren Populationen aufweist als zu der geografisch näher gelegenen nördlichen Form. Die südliche Form ist im Allgemeinen eine mittel- bis dunkelbraune Schlange ohne Nackenbänder, aber mit einem hellen Muster auf der ganzen Länge des Körpers, und die Supralabialia sind nicht oder nur leicht mit dunklerem Pigment gezeichnet.

Der Status der Amethystpythons aus dem Nordosten von Papua-Neuguinea, von Madang, Morobe und der Huon-Halbinsel, scheint schwieriger zu definieren zu sein und es bedarf weiterer Untersuchungen. Südliche Populationen aus der Western Province, Papua-Neuguinea, werden als Wald- (dunkelbraun) oder Savannenform (sandbraun) beschrieben. Obwohl die nördlichen und südlichen Formen in Irian Jaya geografisch wahrscheinlich voneinander getrennt sind, scheint es, als würden sie in Papua-Neuguinea sympatrisch oder zumindest in großer Nähe zueinander vorkommen.

Die Autoren der Studie schlagen auch vor, dass die Amethystpythons vom Bismarck-Archipel im Osten Neuguineas, der aus den großen Inseln Neubritannien und Neuirland und zahlreichen kleineren Inseln besteht, ein von den Formen des Festlandes getrenntes Taxon repräsentieren könnten. Sie beschreiben ein Exemplar als ungemustert, aber mit rosafarben-graubrauner Tönung. Da dies eine Region mit vielen endemischen Arten ist, in der viele Schlangen- und Echsenarten auf einzelne Inseln oder Inselgruppen beschränkt sind, ist die Wahrscheinlichkeit

Die Amethystpythons sind wahrscheinlich ein Komplex aus mehreren Arten. Dieses einfarbige Exemplar unterscheidet sich stark von den typischen Exemplaren wie dem auf S. 140.

groß, dass hier in Zukunft weitere Arten aus dem *M.-amethistina*-Komplex beschrieben werden können.

Probleme gibt es hinsichtlich der Definition des Taxons *Morelia amethistina* und der Zuweisung von Namen für die anderen Populationen Neuguineas. Das Typusexemplar, das von Schneider 1801 als *Boa amethistina* beschrieben wurde, wurde im Museum für Naturkunde in Berlin aufbewahrt, gilt heute jedoch als verschollen, möglicherweise während des Zweiten Weltkriegs, als viele zoologische Sammlungen zerstört oder auseinandergerissen wurden. Leider gab Schneider keine Typuslokalität für das Exemplar an, deshalb kann es nicht einmal den nördlichen oder südlichen Populationen oder der vom Bismarck-Archipel zugeordnet werden. Sollte *M. amethistina*, wie das Taxon heute heißt, weiter aufgeteilt werden, weiß man nicht, welche Population den ursprünglichen Namen behalten und welche als neue Taxa beschrieben werden sollten.

Obwohl diese Schlangen groß und kräftig sind und Wallabys und andere relativ große Säugetiere verschlingen können, sind Amethystpythons nicht unangreifbar. Auch sie haben Fressfeinde, nicht zuletzt andere Pythons wie den Schlangen fressenden Papua-Olivpython (*Apodora papuana*, S. 124).

Verbreitung: Neuguinea und Bismarck-Archipel
Länge: 4–6 m
Lebensraum: Alle Lebensräume von Savannen-Baumland bis zu Sümpfen und Bergregenwald bis in 1600 m Höhe
Nahrung: Säugetiere, von Ratten bis Wallabys, auch Vögel
Fortpflanzung: Eier legend, 5–21 Eier

„1990 sammelte ich Giftschlangen für ein Projekt der Universität Oxford. Ich hatte eine Anzeige in die Tageszeitung gesetzt, in der ich darum bat, im Büro meines Verlegers in Port Moresby Bescheid zu geben, wenn jemand einen Taipan oder eine Papua-Schwarzotter sah. Einmal war ich unterwegs, als ein Anruf kam, dass eine große Schlange in einem Baum gesehen worden sei. Es war sicherlich ein Python, und mein Verleger sagte dem Anrufer, dass ich mich nach meiner Rückkehr bei ihm melden würde. Eine Stunde später fuhr der Anrufer mit drei Freunden in einem Pickup vor dem Büro meines Verlegers vor. Ein kleiner Baum ragte hinten von der Ladefläche, um dessen Äste sich ein 2 m langer Amethystpython wand." Port Moresby, Papua-Neuguinea

„Ich wurde zu einem Sägewerk gerufen, auf dessen Dach sich eine großen Schlange befand. Sie stellte sich als 3 m langer Amethystpython heraus. Ich unterhielt mich mit dem Sägewerksbesitzer und erklärte, dass die Schlange ihnen gute Dienste leistete, da sie Ratten fraß, und konnte sie überzeugen, dass sie bleiben durfte. Sie wussten, dass sie nicht giftig war, aber sie war eben eine Schlange! Das ist oft der einzige Grund, warum Pythons getötet werden." Alexishafen, Madang Province, Papua-Neuguinea

„Wir waren auf der Suche nach Varanus salvadori, *um diesen verborgen lebenden Waran zu beobachten. Als wir mit zwei kleinen Booten den Fluss Binaturi hinabfuhren, sah ich eine große Schlange zu einem Pflanzengestrüpp schwimmen, das weit in den Fluss hinein ragte. Wir wollten das Tier fangen und näherten uns vorsichtig. Ich befürchtete, dass der Python auf Nimmerwiedersehen abtauchen würde. Deshalb stieg ich leise ins Wasser und schwamm auf die Schlange zu, die nun die überhängende Vegetation fast erreicht hatte. Ich konnte mein Glück kaum fassen, als ich sie irgendwo am Vorderkörper zu fassen bekam – ich konnte den Kopf nicht sehen. In der Tat, ich hatte sie, aber sie hatte auch mich, denn sie umwand meine Beine sofort mit dem hinteren Teil ihres Körpers, sodass ich nicht mehr schwimmen konnte. Ich hatte den Eindruck, dass sie ihren Schwanz irgendwo in der Tiefe verankert hatte, denn ich fühlte, wie ich unter Wasser gezogen wurde. Ich rief meine Crew zu Hilfe und bat sie, mir einen langen Schlangenhaken entgegenzustrecken, sodass ich mich ins Boot ziehen konnte. Man verstand mich falsch und warf mir den Haken zu, der vor meinen Augen versank. Schließlich begriffen sie meine missliche Lage und näherten sich mit dem Boot, sodass ich hineinklettern konnte. Die Schlange umwand noch immer fest meine Beine. Sie stellte sich als ein ungewöhnlicher getigerter Amethystpython heraus, der etwa 4,2 m lang war. Den Schlangenhaken holte ein Taucher hoch, der berichtete, dass der Fluss an dieser Stelle über 6 m tief war."*
Weam, Western Province, Papua-Neuguinea

Australischer Buschpython – *Morelia kinghorni*

Dies ist die längste Schlange Australiens. Ihre durchschnittliche maximale Länge beträgt 3,5–5,0 m und gelegentlich findet man größere Exemplare. Ein Bericht von 1948 nennt ein 8,5 m langes Tier. Die Art wurde 1933 nach dem anerkannten australischen Herpetologen James Roy Kinghorn (1891–1983) benannt. Sie kommt vorwiegend in den Küstenregenwäldern entlang der Ostküste der Kap-York-Halbinsel südlich bis Townsville vor, wo sie sich in Baumkronen oder auf Felsen sonnt.

Der Australische Buschpython ist eine helle bis mittelbraune Schlange mit kräftig dunkelbrauner Zeichnung, die als ein Paar Bänder im Nacken beginnt und sich in Streifen und Flecken fortsetzt, die in ganzer Länge am Körper und am Schwanz entlang laufen. Die Oberlippenschilde sind nicht gezeichnet. Exemplare ohne Zeichnung sind nicht bekannt. Es wird berichtet, dass Weibchen dunkler als Männchen sind, und ihre Schnauzen sind kürzer, sodass ihre Köpfe breiter erscheinen.

Männchen von *M. kinghorni* sind zur Paarungszeit anderen Männchen gegenüber aggressiv. Es kommt zu Beißereien und sie wetteifern um die Aufmerksamkeit der Weibchen. Ein sol-

ches Verhalten ist auch von anderen Arten bekannt, etwa vom Netzpython (*Python reticulatus*), bei dem die Wunden, die sich die Tiere zufügen, sogar zum Tod führen können.

Der Status der Pythons der Inseln der Torresstraße zwischen Queensland und Neuguinea ist unklar. Einige Autoren bezeichnen sie als *M. kinghorni*, während die Autoren der Studie von 2000 der Meinung sind, das zumindest einige von ihnen *Morelia amethistina* angehören. Da einige der zu Australien gehörenden Inseln nur wenige Kilometer vor der Küste von Western Province, Papua-Neuguinea, liegen, ist eine enge Verbindung sehr wahrscheinlich, und die Trennung zwischen den beiden Taxa muss sich näher an Kap York befinden.

Verbreitung: östliche Kap-York Halbinsel, Queensland, Australien

Länge: 4,0–8,5 m

Lebensraum: feuchte Lebensräume, von montanen Regenwäldern bis zu Küstenbuschland und Sümpfen

Nahrung: Säugetiere, von Ratten und Flughunden bis zu Wallabys; Vögel, von Bienenfressern bis zu Hühnern

Fortpflanzung: Eier legend, 8–20 Eier

Halmahera-Buschpython – *Morelia tracyae*

Diese Art weicht am meisten von den anderen Mitgliedern des *Morelia-amethistina*-Komplexes ab. Sie ist vermutlich auf die fingerförmige nordwestliche Insel Halmahera beschränkt, die einem kleinen Sulawesi ähnelt. Diese teilt sie sich mit dem Netzpython (*Python reticulatus*), einem ebenfalls lang gestreckten Python, der wie sie seiner Haut wegen getötet wird.

Der wissenschaftliche Name ist Tracy Barker gewidmet, der weiblichen Hälfte eines angesehenen Schlangenzüchterehepaares aus Texas. *Morelia tracyae* ist eine braune Schlange mit dunklen Postocularstreifen, Querbändern im Nacken und breiten, dunkler braunen Bändern entlang des Körpers, die sich im vorderen Körperabschnitt über dem Rücken treffen können. Ein charakteristisches Merkmal scheint die rote Iris des Auges zu sein, während alle anderen Mitglieder des Komplexes eine goldene oder schwarze Iris besitzen. Diese Art lauert Flughunden an ihren Ruheplätzen auf und fängt sie.

Morelia kinghorni aus Queensland ist wahrscheinlich die größte Art des Amethystpython-Komplexes.

Verbreitung: Halmahera, nördliche Molukken, Ost-Indonesien
Länge: unbekannt; 2,8 m (Typusexemplar)
Lebensraum: Regenwald
Nahrung: vermutlich Flughunde, vielleicht andere Säugetiere und möglicherweise Vögel
Fortpflanzung: Eier legend, Gelegegröße unbekannt
Ähnliche Arten: Netzpython (*Python reticulatus*)

Molukken-Buschpython – *Morelia clastolepis*

Diese Art ist von den Inseln Seram und Ambon beschrieben und kommt wohl auch auf den benachbarten Inseln vor. Sie unterscheidet sich von ihren Verwandten durch das Fehlen der dunklen Postocularstreifen und Querbänder im Nacken. Manche Exemplare besitzen Subocularschilde, die die Supralabialschilde vom Auge trennen. Diese Schilde fehlen bei allen anderen Mitgliedern des Komplexes. Es gibt zwei Farbvarianten, grau mit schwarzen Augen und braun mit goldenen Augen, und auch ungemusterte Exemplare sind bekannt. Es wird berichtet, dass die Schlangen Kuskus erbeuten, baumbewohnende Beuteltiere.

Verbreitung: Seram und Ambon, südliche Molukken, östliches Indonesien
Länge: 1,5–3,8 m
Lebensraum: immergrüner und halb immergrüner Regenwald
Nahrung: kleine bis mittelgroße Säugetiere
Fortpflanzung: Eier legend, Gelegegröße unbekannt

Tanimbar-Buschpython – *Morelia nauta*

Das am weitesten südwestlich verbreitete Mitglied des Komplexes trägt den lateinischen Namen für Seemann, da die Tanimbar-Inseln nie mit einer anderen Landmasse verbunden waren und der Python dorthin verdriftet worden sein muss. Dies ist die kleinste und am leichtesten gebaute Art des Komplexes und die mit der spitzesten Schnauze. Sie ist variabel gefärbt, und es gibt gemusterte und ungemusterte Exemplare. Die meisten der gemusterten dunkleren Exemplare weisen Reihen von cremefarbenen Flecken an den Flanken auf.
Verbreitung: Tanimbar-Inseln, Molukken, östliches Indonesien
Länge: unbekannt, 1,7 m (Typusexemplar)
Lebensraum: feuchter, Laub abwerfender Wald, auch halb immergrüne Regenwäldern an der Küste
Nahrung: wahrscheinlich Säugetiere und/oder Vögel
Fortpflanzung: Eier legend, Gelegegröße unbekannt
Ähnliche Arten: Timorpython (*Python timoriensis*)

Oben: *Morelia nauta* bewohnt eine kleine, isolierte Inselgruppe im Südwesten Neuguineas.

S. 144 oben: *Morelia tracyae* teilt ihr Verbreitungsgebiet in Indonesien mit dem Netzpython (*Python reticulatus*) aus Südostasien.

S. 144 unten: Kopf von *Morelia clastolepis*, einer Art, die die Inseln Seram und Ambon zwischen Neuguinea und Sulawesi bewohnt.

Hochlandpythons

Pythons scheinen im Flachland am häufigsten zu sein, und es gibt Küstenabschnitte von Madang, der Western oder der Central Province auf Papua-Neuguinea, wo man in einer Nacht vier oder fünf Schlangen zu Gesicht bekommt. In den Hochländern Neuguineas sind Pythons viel seltener, aber es gibt mindestens einen wirklich im Hochland lebenden Python, der nur hier und nicht in den Flachländern an der Küste vorkommt.

Boelen-Python – *Morelia boeleni*

Der Boelen-Python ist wahrscheinlich der Python, der am ehesten mit den Inseln Neuguineas in Verbindung gebracht wird. Er ist einer der begehrtesten Pythons, aber auch eine der Arten, die am schwierigsten im Terrarium zu halten und zu züchten sind. Boelen-Pythons sind keine Flachlandschlangen wie die meisten anderen Pythons, sondern Hochlandtiere, die keine heißen, trockenen Bedingungen mögen. Sie bewohnen die kühlen, feuchten, schattigen Regenwälder zwischen 1000 m Höhe und der Baumgrenze, wo das Grasland der Highlands beginnt.

Der Universität von Papua-Neuguinea gelang es nicht, ihre Exemplare dieser Art am Leben zu erhalten. Der Grund ist vielleicht, dass Port Moresby in einem besonders trockenen Abschnitt der Südküste Papua-Neuguineas liegt. Das National Museum in derselben Straße hatte zufällig mehr Glück. Im Zentrum des Museums befindet sich ein Gelände, auf dem man einheimische Tiere hält. In der Mauer hatte man große Käfige installiert, in die man auch von den Innenräumen des Museums aus hineinblicken konnte. In den Aluminiumkäfigen werden verschiedene Pythons gehalten, aber leider – oder zum Glück – waren diese Käfige nicht so gut gebaut, dass sie wasserdicht waren. Wenn es im Innenhof regnete, tropfte es hinein. Ich glaube, das ist der Grund, warum das große Pärchen der Boelen-Pythons so lange überlebte, zumindest so lange, bis das Weibchen das Männchen fraß.

Boelen-Pythons wurden nach Dr. K. W. J. Boelen benannt, einem Arzt in Enarotali im damaligen Niederländisch-Neuguinea. Er fing das Typusexemplar dieses neu entdeckten Pythons für das Rijksmuseum in Leiden. Die Art ist robust mit kräftigem Körper und breitem, kräftigem Kopf, was dafür spricht, dass adulte Schlangen am Boden leben, obwohl Hochlandbewohner sagen, dass sie sich häufig auf Bäumen aufhalten. Die leichter gebauten Jungtiere sind sicherlich eher an das Leben in den Bäumen angepasst. In der Färbung kann diese Art mit keiner anderen verwechselt werden. Die dominante Farbe ist Schwarz oder Blauschwarz, überlagert von einem Schillern, wie bei vielen anderen nachtaktiven Schlangen. Die Unterseite ist fleckenlos weiß, cremefarben oder gelb und am vorderen Teil des Körpers erstreckt sich dieses helle Pigment in diagonalen Bändern, die sich stark vom schwarzen Grund abheben, auf die Flanken.

Oben: Kopf eines Boelen-Python (*Morelia boeleni*) mit den kontrastierenden schwarzen und weißen Lippenschilden, einer grauen Iris und schillernden Schuppen.

S. 147 oben: Ein junger Boelen-Python, der sein Erwachsenenkleid erst entwickelt.

S. 147 unten: Ein Timorpython, eine komplexe und noch unvollständig verstandene Art.

Dieser Kontrast von Schwarz und Weiß setzt sich in den kräftig gebänderten Oberlippenschilden fort. Die grauen Augen sind die einzigen Körperstellen, die nicht blauschwarz oder gelbcremefarben sind. Erwachsene Boelen-Pythons sind sehr auffallend, Jungtiere sehen hingegen ganz anders aus. Sie sind oberseits rotbraun mit einer leichten Andeutung der seitlichen Bänder.

Diese Art ist wahrscheinlich der am schlechtesten erforschte Python Neuguineas, sowohl in freier Natur als auch im Terrarium, und über seine maximale Länge, die bevorzugte Beute, den Lebensraum und die Fortpflanzung gibt es noch viel zu lernen, was nur durch Freilandforschung geschehen kann. Sogar seine Verbreitung ist lückenhaft dokumentiert. Es gibt verstreute Nachweise von den Wissel Lakes in Irian Jaya über die Hochländer bis zu den hohen Bergen nördlich von Port Moresby. Nur ein vor der Küste gelegenes Gebiet gehört nachweislich zum Verbreitungsgebiet, Goodenough Island, Milne Bay Province, Papua-Neuguinea.

Der Boelen-Python genießt auf Papua-Neuguinea den höchsten Schutz aller Reptilien. Nicht einheimische Personen dürfen ihn nicht besitzen, und einige Zeit durfte diese Art nicht einmal gefilmt oder fotografiert werden. In Wirklichkeit ist sie wahrscheinlich weder selten noch gefährdet, man trifft sie nur sehr selten an.

Verbreitung: Neuguinea
Länge: 2,5–4,5 m
Lebensraum: montaner Regenwald über 1000 m
Nahrung: wahrscheinlich Säugetiere und Vögel
Fortpflanzung: Eier legend, 14 Eier

„1990 verbrachte ich zwei Wochen mit einem Team der BBC, das einen zweiteiligen Dokumentarfilm über Neuguinea drehte. Ich war in Sorge, dass die Paradiesvögel, Kasuare und Baumkängurus den Reptilien die Schau stehlen könnten und schlug vor, einige interessante Reptilien zu filmen, unter anderem auch den Boelen-Python. So lieh ich mir ein großes Tier der Lebendsammlung des National Museums aus und vereinbarte mit dem Museum, eine größere Summe zu zahlen, sollte das Exemplar verloren gehen. Wir fuhren zum Varirata-Nationalpark und ich fragte den Regisseur, ob er die Schlange im Farnkraut filmen wollte. Stattdessen dirigierte er uns in ein düsteres Tal, wo er den Python aufnehmen wollte, während er durch einen dunklen Waldfluss schwamm und schließlich abtauchte. Ich watete außerhalb des Bilds im Wasser, um ihn wieder einzufangen. Erst beim siebten Mal war die Szene im Kasten. Mir fiel ein Stein vom Herzen, als ich den Python zurück ins Museum bringen konnte. Leider wurde diese Szene nie gezeigt.“

Varirata-Nationalpark, Central Province, Papua-Neuguinea

Pythons der Sundainseln

Die Sundainseln stellen eine Verbindung zwischen der orientalischen und der australischen Region dar, und hier kommen Arten beider Gebiete vor, darunter der Netzpython (*Python reticulatus*) und der Macklots Python (*Liasis mackloti*). Auch endemische Arten leben hier, die sonst nirgendwo verbreitet sind.

Timorpython – *Python timoriensis*

Die Geschichte der Nomenklatur dieser Art ist die verwirrendste unter den Pythons. Sie begann bereits in den Jahren, die ihrer wirklichen Entdeckung vorausgingen. 1829 wurden vier Pythons von den Inseln Timor und Semao in den Museen in Leiden und Paris aufbewahrt, die ihrer Beschreibung harrten. Der erste Name, der ihnen 1837 verliehen wurde, war *Python amethystinus*. Wir kennen den Namen heute als *Morelia amethistina* (S. 140). Er beschreibt einen ein Artenkomplex, der wahrscheinlich nicht auf den Kleinen Sundainseln vorkommt. 1844 wurden die drei Exemplare aus Leiden als neue Art beschrieben, *Python timorensis* (1846 korrigiert zu *P. timoriensis*). Im selben Jahr wurde das einzelne Exemplar in Paris als *Liasis mackloti* beschrieben, eine Art, die heute mit *L. fuscus* einen indoaustralischen Komplex bildet (S. 122). 120 Jahre später argumentierte man, dass der Name *Liasis mackloti* Vorrang haben sollte, denn dies war der allgemein akzeptierte und etablierte Name. Aber was ist mit *Python timoriensis*?

1876 wurde ein weiterer Python von den Kleinen Sundainseln beschrieben, aber nur als geografische Varietät des Amethystpython. Drei Jahre später wurde diese Form als neue Art beschrieben, *Liasis petersii*, basierend zum Teil auf neuem Material von der Insel Flores. Dieser Name fand nie Akzeptanz, und 1893 wurde die Art als *Python timoriensis* bekannt, was zu Verwechslungen führte, da dieser Name früher für den Python verwendet wurde, der heute als *Liasis mackloti* bekannt ist.

Es wird noch komplizierter, denn dieser Python kommt möglicherweise nicht wirklich auf der Insel Timor vor. Die meisten

Oben: Der Timorpython (*Python timoriensis*) kommt vermutlich gar nicht auf Timor vor, sondern von Alor bis Flores.

der verlässlichen Nachweise und Museumsexemplare stammen von den Kleinen Sundainseln, einer Inselkette im Nordwesten von Timor, von Alor im Osten bis Flores im Westen. Es gibt angeblich ein Museumsexemplar von der Insel Lombok weiter im Westen, aber keine Nachweise von Sumbawa oder Komodo dazwischen. Obwohl das Typusexemplar aus Kupang im südwestlichen Timor stammt, garantiert das nicht, dass die Art auf den Inseln vorkommt (siehe *Vini peruviana* unten), und in den 130 Jahren dazwischen scheinen dort keine weiteren Exemplare gesammelt worden zu sein.

Wenn *Python timoriensis* nicht auf der Insel Timor vorkommt, ist der deutsche Name Timorpython irreführend. Das bedeutet nicht, dass der wissenschaftliche Name geändert werden sollte, denn sein Zweck ist es nur, eine Art eindeutig zu benennen. Es gibt in der Tat viele Beispiele, in denen die Namen das Aussehen oder den Ursprung von Arten nicht richtig beschreiben. Ein Beispiel ist der Gelbgebänderte Baumsteiger aus Südamerika, ein Pfeilgiftfrosch, der 1864 als *Dendrobates leucomelas* (*leuco* bedeutet weiß, *melas* bedeutet schwarz) beschrieben wurde, denn bei dem konservierten Exemplar ist die gelbe Farbe zu Weiß verblasst. Ein weiteres Beispiel ist der Tahiti-Blaulori *Vini peruviana*. Er wurde anhand von Exemplaren beschrieben, die 1776 aus Peru in Paris eintrafen. Ursprünglich stammt die Art jedoch von Tahiti. Auch der Perth-Zwergpython *Antaresia perthensis* (S. 119) kommt nur in 600 km Entfernung von Perth in Westaustralien vor, obwohl Perth 1932 als Typuslokalität angegeben wurde. Im Fall des Timorpythons kann es jedoch zu Verwechslungen kommen, weil der Name *Python timoriensis* bereits für eine andere Art verwendet wurde.

Im Körperbau ähnelt *P. timoriensis* dem Amethystpython (*Morelia amethistina*) oder einem jungen Netzpython (*P. reticulatus*), einer weit verbreiteten asiatischen Art, deren Verbreitungsgebiet im Osten bei diesen Inseln endet (siehe S. 88). Der Schwanz von *P. timoriensis* ist kürzer und möglicherweise weniger zum Greifschwanz ausgebildet als der von *M. amethistina*, und nur ein einziger Oberlippenschild steht mit dem Auge in Kontakt. Bei *M. amethistina* sind es hingegen zwei. *Python timoriensis* ist eine rotbraune bis gelbe Schlange mit dunkler braunem Flecken- oder Bändermuster, fragmentierter als bei *M. amethistina*, und sowohl der dunkle Postocularstreifen als auch die Querbänder im Nacken fehlen. Unterseite, Bauch, Hals und Lippen sind hell gelb oder weiß.

Verbreitung: Kleine Sundainseln (Alor bis Flores, vielleicht Lombok, wahrscheinlich nicht Timor), Indonesien

Länge: 1,0–1,8 m

Lebensraum: trockener und feuchter Laub abwerfender Wald, montaner Regenwald und Grasland

Nahrung: wahrscheinlich Säugetiere und Vögel

Fortpflanzung: Eier legend, 4–6 Eier

Ähnliche Arten: Amethystpython (*Morelia amethistina*) und Netzpython (*P. reticulatus*)

Pazifische Boas

Australasien ist das Gebiet der Pythons, während in Lateinamerika die Boas dominieren. Drei Boas (Gattungen *Acranthophis* und *Sanzinia*) kommen auch auf Madagaskar im Indischen Ozean vor (S. 108–110), die restlichen fünf Arten der Gattung *Candoia* im ebenfalls abgelegenen südwestlichen Pazifik.

Boas sind jedoch nicht die einzigen „amerikanischen“ Reptilien, die auf der falschen Seite des Pazifik vorkommen. Die neue Welt ist auch das Zentrum der Diversität der Leguane (Iguanidae). 31 Arten kommen hier vor, drei auf den Galapagos-Inseln 960 km westlich vor Ecuador (Gattungen *Amblyrhynchus* und *Conolophus*) und zwei Arten der Gattung *Brachylophus* auf Fidschi und Tonga 10 500 km weiter im Westen. Die Leguane von Fidschi und Tonga sind am engsten mit denen der Galapagos-Inseln verwandt, was nicht überraschend ist. Die Vorfahren der Populationen auf Fidschi und Tonga verdrifteten vermutlich mit dem Südäquatorialstrom von Amerika aus über den Pazifik. Es gibt die Vermutung, dass die pazifischen Boas einer ähnlichen Route gefolgt sind und von Vorfahren abstammen, die in der Karibik vorkamen, bevor sich der Isthmus von Panama bildete und der karibisch-pazifische Korridor schloss.

Jüngere Studien legen jedoch einen orientalischen Ursprung der pazifischen Boas nahe. Die Gattung könnte seit über 40 Millionen Jahren im Pazifik vorkommen, lange genug, um sich bis zu der Stufe weiterzuentwickeln, die wir heute kennen. Ein Hinweis zu ihrem Ursprung könnte ihr Vorkommen auf den östlichen Inseln Samoas über die Salomonen, den Bismarck-Archipel und die Admiralty-Inseln und von dort über das nördliche Neuguinea westlich bis zu den Molukken sein. Südlich kommen die pazifischen Boas bis zu den Loyalty-Inseln vor Neukaledonien und nördlich bis zum Palau-Archipel vor, von den südlichen Savannen Neuguineas oder von Australien sind sie jedoch nicht nachgewiesen.

Oft wird wahrscheinlich nicht bedacht, dass Neuguinea in der Vergangenheit nicht eine einzige Landmasse war. Die südliche Hälfte war Teil der nach Norden driftenden australischen Platte, aber Mikroplatten oder „Terranes“ drifteten vom Nordosten herein und kollidierten entlang der Plattengrenze mit dem nördlichen Neuguinea, sodass sich die ersten Hochländer bildeten, später die Molukken, die Nordküste von Neuguinea und die Admiralty-Inseln und der Bismarck-Archipel. Wenn die Vorfahren von *Candoia* auf diesen späteren „Terranes“ trieben, wären sie auf das nördliche Neuguinea getroffen, aber nicht in den Süden und nicht nach Australien gelangt.

Die Pazifikboa (*Candoia bibroni*), eine sehr variable Art, die auf Samoa bis zu den Salomonen und südlich bis zu den Loyalty-Inseln vorkommt.

Pazifikboas

Bis 2001 enthielt die weit verbreitete und vielfältige Gattung *Candoia* nur drei Arten, die „A-B-C-Boas" *C. aspera*, *C. bibroni* und *C. carinata*. Die schlanke, baumbewohnende *C. bibroni* ist die ursprünglichste Art der Gattung, die kräftige, am Boden lebende *C. aspera* die am höchsten entwickelte. Die Verbreitungsgebiete der Arten überschneiden sich oft in weiten Teilen. Häufig kommen eine langschwänzige, schlanke baumbewohnende und eine kurzschwänzige, kräftige, bodenbewohnende Art sympatrisch vor. Eine Revision (Smith et al. 2001*) des *C.-carinata*-Komplexes ergab, dass eine sehr vielfältige Art in drei getrennte Arten mit zehn Unterarten aufgetrennt wurde. Zur Zeit des Schreibens dieses Buches enthält die Gattung *Candoia* fünf Arten mit 14 Unterarten. Die meisten Arten zeigen einen Geschlechtsdimorphismus: Die Männchen sind erheblich kleiner als die Weibchen. Männchen besitzen außerdem Aftersporne. Bei Weibchen sind diese stark reduziert oder fehlen.

* Smith, H. B., D. Chiszar, K. Tepedelen & F. Van Breukelen (2001): A revision of the bevelnosed boas (*Candoia carinata* complex) (Reptilia; Serpentes). Hamadryad 26 (2): 283–315.

Anmerkung: Die Autoren verwenden den Namen „bevelnosed boa" für Arten des *C.-carinata*-Komplexes, meiner Meinung nach wäre dieser Name aber ebenso passend für *C. bibroni*. Ich bevorzuge außerdem Namen, die geografische Informationen enthalten statt beschreibende und unterscheide auch zwischen baum- und bodenbewohnenden Boas.

Pazifikboa – *Candoia bibroni*

Das ursprünglichste Mitglied der Gattung hat die östlichste Verbreitung. Die baumbewohnende Schlange lebt vorwiegend in Wäldern. Man findet sie aber auch in Mangrovensümpfen an der Küste und in Kulturland. Es handelt sich um eine schlanke Art mit einem Greifschwanz und langem, eckigem Kopf, nicht unähnlich der weiter westlich verbreiteten *C. carinata*. Das Muster ist sehr variabel. Die Grundfarbe kann dunkelgrau bis gelborange oder rosafarben sein und ist überlagert mit Flecken oder Streifen. Die Beute der Boa besteht vorwiegend aus Skinken, aber auch Geckos, Fledermäuse, Ratten und Jungvögel werden angenommen. Es gibt die Vermutung, dass die südlichste Population auf den Loyalty-Inseln im 16. Jahrhundert absichtlich von Polynesiern als Nahrungsquelle eingeführt wurde,

Unten: Eine Rauschuppige Pazifik-Inselboa (*Candoia carinata*) aus Papua-Neuguinea. Auffällig ist der weiße Sattelfleck über der Kloake an der Schwanzbasis.

S. 151: Mit ihrem schmalen Kopf kann die Rauschuppige Pazifik-Inselboa wahrscheinlich nur kleine Echsen verschlingen.

eventuell auch später, um Ratten zu bekämpfen. Quellen zufolge wird diese Schlange in einigen Teilen dieser Inseln auch heute gegessen. Zwei Unterarten werden manchmal anerkannt.

Verbreitung: Samoa, Fidschi und Tonga, Vanuatu, Loyalty-Inseln (östlich von Neukaledonien) und östliche Salomonen
Länge: 1,3–2,0 m
Lebensraum: Wald und Mangrovensümpfe an der Küste
Nahrung: Echsen, kleine Säugetiere und Vögel
Fortpflanzung: lebend gebärend, 2–33 Junge
Ähnliche Arten: *C. paulsoni*

Rauschuppige Pazifik-Inselboa – *Candoia carinata*

Die ursprüngliche Art *Candoia carinata* enthielt eine verwirrende Mischung schlanker, langschwänziger, vorwiegend baumbewohnender Boas und untersetzter, kurzschwänziger, am Boden lebender Schlangen, die man manchmal den Unterarten *Candoia c. carinata* und *C. c. paulsoni* zuordnete. Fast jeder wusste, dass die Art einer Revision bedurfte, aber alle Versuche schlugen bis zur Arbeit von Smith et al. (2001) fehl. Aus einer Art wurden drei Arten. Heute umfasst *C. carinata* noch zwei Unterarten, eine vom Festland Neuguineas und den indonesischen Molukken sowie eine vom Bismarck-Archipel im Westen.

Diese Schlangen sind extrem schlank, etwas dicker als ein Bleistift, mit langem Greifschwanz und in die Länge gezogenem, schlankem Kopf. Die Färbung ist grau oder braun. Die meisten grauen Exemplare sind schwarz gefleckt oder gepunktet, viele der braunen Schlangen hingegen gestreift. Ein häufiges Merkmal der Exemplare, die ich untersucht habe, war ein gelb-cremefarbener Fleck auf dem Rücken direkt vor der Kloake und ein weißer Fleck direkt dahinter. Diese Boa scheint ihre Farbe wechseln zu können, denn die Schlangen sind zu verschiedenen Zeiten deutlich heller oder dunkler.

Die Weibchen sind sehr klein und setzen weniger Junge ab als *Candoia paulsoni* (unten). Die Beute besteht wahrscheinlich vorwiegend aus kleinen Echsen (Skinken oder Geckos), denn die meisten Säugetiere könnten sogar die größten Exemplare nicht verschlingen.

Verbreitung: Neuguinea, Satelliteninseln Indonesiens und Bismarck-Archipel
Länge: 0,5–0,7 m
Lebensraum: Wald und Kokosnuss-, Kaffee- und Kakaoplantagen
Nahrung: kleine Echsen, möglicherweise Frösche
Fortpflanzung: lebend gebärend, bis zu 6 Junge
Ähnliche Arten: *C. superciliosa* vom Palau-Archipel

„Ich verfolgte einen Skink der Gattung Carlia *durch die Vegetation, als die fliehende Echse unter einen niedrigen Schössling lief, dessen dünne Zweige bis kurz über den Boden hingen. Ich spähte unter den Busch und sah eine erwachsene Pazifik-Boa in Lauerhaltung, um den untersten Ast gewickelt, Kopf und Hals im 45°-Winkel nach unten gerichtet. Diese schlanke Boa kommt in Kokosnussplantagen häufig vor. Meist findet man sie in 1,5–2 m Höhe in den Kakao- und Kaffeesträuchern zwischen den Reihen der Kokospalmen, und meine Assistenten und ich konnten viele dieser Schlangen aufspüren.“*

Insel Karkar, Madang Province, Papua-Neuguinea

Paulsons Bodenboa (*Candoia paulsoni*) war ursprünglich eine Unterart von *Candoia carinata*, doch der Körper ist kräftiger und sie hält sich öfter am Boden auf.

Paulsons Bodenboa – *Candoia paulsoni*

Bei *Candoia paulsoni*, die früher als kurzschwänzige Unterart von *C. carinata* bekannt war, sind die Verhältnisse recht kompliziert. Es gibt sechs Unterarten. Außerdem ist das Verbreitungsgebiet sehr fragmentiert und umfasst drei voneinander getrennte Populationen.

Die östliche Population kommt auf den Salomonen von Santa Cruz im Osten bis Bougainville und den kleinen Inseln im Osten von Neuirland vor und enthält zwei Unterarten, eine von den Salomonen und den Inseln vor Neuirland und eine von Bougainville und Buka. Die Art fehlt auf den großen Inseln des Bismarck-Archipels (Neubritannien und Neuirland), kommt jedoch in Papua-Neuguinea wieder vor. Hier lebt die mittlere Population, die südöstlich bis zum D'Entrecasteaux-Archipel verbreitet ist.

Die Boas der Inseln Woodland und Misima sind einzigartig und gelten als eigene Unterarten. Das überrascht nicht, denn auf diesen Inseln kommen auch andere Seltenheiten vor, darunter kleine giftige Waldottern der Gattung *Toxicocalamus* (Elapidae). Die westliche Population ist weit verbreitet und hat ihr Verbreitungszentrum auf der indonisischen Insel Halmahera. Nachweise gibt es auch vom Nordosten Sulawesis und von benachbarten Inseln.

Candoia paulsoni ist eine recht kräftige Schlange, die viel größer wird und mehr Junge zur Welt bringt als *C. carinata*. Sie ist gewöhnlich entweder rot bis rotbraun oder weißlich bis cremefarben mit einer deutlichen Rückenzeichnung, meist einem dunklen Zickzackband. Die großen weißen Kloakenflecke von *Candoia carinata* fehlen bei *C. paulsoni*. Die größere, robustere *C. paulsoni* kann größere Beute verschlingen als ihre Verwandten, darunter kleine Säugetiere. Sie bewohnt Wälder, aber auch Kulturland und ist vorwiegend bodenbewohnend, kann aber auch gut klettern.

Verbreitung: Salomonen, östliches und nördliches Papua-Neuguinea, Halmahera und Nordosten Sulawesis, Indonesien
Länge: 0,8–1,3 m
Lebensraum: Wald und Kulturland, Plantagen
Nahrung: Echsen und kleine Säugetiere, darunter Ratten und möglicherweise Fledermäuse
Fortpflanzung: lebend gebärend, 30–50 Junge
Ähnliche Arten: Pazifikboa (*C. bibroni*)

Neuguinea-Bodenboa – *Candoia aspera*

Die Neuguinea-Bodenboa ist eine extrem kräftige, kurzschwänzige Schlange, die von Einheimischen manchmal mit einer Todesotter (*Acanthophis*) verwechselt wird. Dies könnte die Ursache für Gerüchte über 1 m lange Todesottern aus dem Tal des Markham River sein. Mehrere Male wurden mir angebliche große Todesottern in Säcken gebracht, die sich dann als große Neuguinea-Bodenboas herausstellten. Die stark gekielten Körperschuppen, die fragmentierten Kopfschuppen und das fleckige braune Muster tarnen die Schlange auf dem Waldboden und ähneln dem der Todesotter.

Diese den Boden bewohnende Art klettert vermutlich nie. Sie gilt als das am höchsten entwickelte Mitglied der Gattung *Candoia*. Das Beutespektrum ist recht vielfältig und besteht unter anderem aus vielen Fröschen, Echsen und kleinen Säugetieren. Beschuppungsmerkmale und andere Unterschiede wie die Zahl der Flecke auf dem Rücken oder die Farbe der Iris wurden herangezogen, um die Population auf Neuguinea von der Population auf dem Bismarck-Archipel zu unterscheiden, und manche Autoren erkennen zwei Unterarten an.

Verbreitung: Neuguinea, außer in den Savannen im Süden, Inselgruppen Indonesiens und Bismarck-Archipel
Länge: 0,6–1,0 m
Lebensraum: Regenwald und Kokosplantagen bis in 1300 m Höhe
Nahrung: Frösche, kleine Säugetiere und Echsen
Fortpflanzung: lebend gebärend
Ähnliche Arten: Todesottern (*Acantophis*-Arten)

*„Die Neuguinea-Bodenboa ist mancherorts außerordentlich häufig. Diese Schlange habe ich vor allem dann angetroffen, wenn ich in Haufen von Kokosnussabfällen nach der giftigen Neuguinea-Kleinaugenotter (*Micropechis ikaheka*) gesucht habe, und nicht selten fand ich drei oder vier Bodenboas in einem einzigen Haufen. Hat man sie gefunden, versuchen die Schlangen nicht, zu entkommen. Sie ballen sich nur zu einem Knäuel zusammen wie auch andere kleine bis mittelgroße Boas und Pythons, sodass ihr Kopf in der Mitte geschützt ist. Dieses Verhalten hat der Neuguinea-Bodenboa bei den Einheimischen den Namen „schläfrige Schlange" eingebracht, aber nicht alle Tiere verhalten sich so. Einmal rief man mich, um ein sehr großes Weibchen zu fangen. Es hielt drei Plantagenarbeiter in Schach, die mit Haumessern zum Öffnen der Kokosnüsse bewaffnet waren. Ich fürchtete, dass sie die Boa verletzt und zu ihrem Verhalten gereizt hatten. Die Schlange war jedoch unversehrt, aber ich bin mir nicht sicher, ob die Arbeiter sie verschont hätten, wenn sie zugebissen hätte. Der ausgefallenste Ort, an dem ich eine Neuguinea-Bodenboa gefunden habe, war im Magen einer Neuguinea-Kleinaugenotter, einer ophiophagen Art."*

Insel Karkar, Madang Province, Papua-Neuguinea

Die ungiftige Neuguinea-Bodenboa (*Candoia aspera*) wird oft mit der hochgiftigen Todesotter (*Acanthophis laevis*) verwechselt.

Literatur

Es ist leider an dieser Stelle nicht möglich, alle länderspezifischen Feldführer und alle historischen Veröffentlichungen über Boas, Pythons, die ursprünglichen Schlangengruppen und ihre Verwandten aufzuführen. Ebenso ist es nicht möglich, jeden herpetologischen Artikel anzuführen, und ebenso nicht jede Artbeschreibung, jeden Artikel zur Erweiterung eines Verbreitungsgebietes oder jede systematische Revision einer Schlangengruppe. Die Literaturliste beschränkt sich aus diesem Grund lediglich auf neue und gut zugängliche Publikationen regionaler oder allgemeiner Natur. In ihnen kann der interessierte Leser weitere Hinweise auf länder-, gattungs- oder artbezogene Literatur finden.

Wichtige taxonomische Revisionen zu einer neuen Anakonda-Art (Dirksen & Böhme 2005) und zu zwei Unterarten des Netzpythons (Auliya et al. 2002), eine Diskussion der Systematik der Wasserpythons (Rawlings et al. 2004), Beschreibungen drei neuer Arten aus dem Amethystpython-Komplex (Harvey et al. 2000) und eine Revision des *Candoia-carinata*-Komplexes (Smith et al. 2001) finden sich an den entsprechenden Stellen in den Artporträts.

Allgemeines und Einführung

Greene, H. W. (1997): Snakes: The Evolution of Mystery in Nature. Berkeley.

O'Shea, M. (2006): Giftschlangen: Alle Arten in ihren Lebensräumen. Stuttgart.

Pough, F. H., R. M. Andrews, J. E. Cadle, M. L. Crump, A. H. Savitzky & K. D. Wells (2003): Herpetology (3. Aufl.). New Jersey.

Ross, R. A., & G. Marzac (1993): Riesenschlangen. Zucht und Pflege. Ruhmannsfelden.

Trutnau, L. (2002): Schlangen im Terrarium, Band 1. Ungiftige Schlangen, Teil 1 und 2. Stuttgart.

Zug, G. R., L. J. Vitt und J. P. Caldwell (2001): Herpetology: An Introductory Biology of Amphibians and Reptiles. (2. Aufl.). Burlington.

Neue Welt

Crother, B. I. (1999): Caribbean Amphibians and Reptiles. Burlington.

Dirksen, L. (2002): Anakondas. Münster.

Henderson, R. W. (2002): Neotropical Treeboas: Natural history of the *Corallus hortulanus* complex. Malabar.

Kivit, R., & S. Wiseman (2005): Grüner Baumpython und Grüner Hundskopfschlinger: Pflege, Zucht und Lebensweise. Karlsruhe.

Manthay, U., & W. Grossmann: Amphibien & Reptilien Südostasiens. Münster.

Murphy, J. C., & R. W. Henderson (1997): Tales of Giant Snakes: a historical natural history of anacondas and pythons. Malabar.

Petzold, H.-G. (1995): Die Anakondas. Magdeburg.

Stafford, P. J., & P. W. Henderson (1996): Kaleidoscopic Tree Boas: The genus *Corallus* of Tropical America. Malabar.

Tolson, P. J., & R. W. Henderson (1993): The Natural History of West Indian Boas. London.

Europa und Asien

Arnold, E. N., & D. W. Ovenden (2002): Reptiles and Amphibians of Europe (2. Aufl.). Princeton.

Fredriksson, G. (2005): Predation on Sun Bears by Reticulated Python in East Kalimantan, Indonesian Borneo. The Raffles Bulletin of Zoology 53 (1): 165–168.

Groombridge, B., & R. L. Luxmore (1991): Pythons in South-East Asia: a review of distribution, status and trade in three selected species. CITES.

Malkmus, R., U. Manthey, G. Vogel, P. Hoffmann. & J. Kosuch (2002): Amphibians and Reptiles of Mount Kinabalu (North Borneo). Ruggell.

Scott Keogh, J., D. G. Barker & R. Shine (2001): Heavily exploited but poorly known: systematics and biogeography of commercially harvested pythons (*Python curtus* group) in Southeast Asia. Biological Journal of the Linnean Society 73: 113–129.

Silva, A. de (1990): Colour Guide to the Snakes of Sri Lanka. London.

Smith, M. A. (1943) Fauna of British India: Reptilia and Amphibia, Vol. III. Serpentes. London.

Stuebing, R. B., & R. F. Inger (1999): A Field Guide to the Snakes of Borneo. Kota Kinabalu.

Whitaker, R., & A. Captain (2004): Snakes of India: The field guide. Singapur.

Afrika und Indischer Ozean

Broadley, D. G. (1983) FitzSimons' Snakes of Southern Africa. Johannesburg.

Glaw, F., & M. Vences (1994) A Fieldguide to the Amphibians and Reptiles of Madagascar. Bonn.

Henkel, F. W., & W. Schmidt (1995): Amphibien und Reptilien Madagaskars. Stuttgart.

McCurley, K. (2006): *Python regius* – das Kompendium. Frankfurt am Main.

Spawls, S., K. Howell, R. Drewes & J. Ashe (2002): A Field guide to the Reptiles of East Africa. Kapstadt.

Australasien und Pazifischer Ozean

Barker, D. G., & T. M. Barker (1994) Pythons of the World, Vol. 1, Australia. Mission Viejo.

Cogger, H. G. (2000) Reptiles and Amphibians of Australia (6. Aufl.). London.

Greer, A. (1997): The Biology and Evolution of Australian Snakes. Chipping Norton.

Kend, B. A. (1997) Pythons of Australia. Provo.

Kivit, R., & S. Wiseman (2005): siehe Kapitel 1, Nord- und Südamerika

Maxwell, G. (2005): *Morelia viridis*. Das Kompendium. Frankfurt am Main.

McCoy, M. (1980): Reptiles of the Solomon Islands. Wau.

Mense, M. (2006): Die Rautenpythons *Morelia bredli*, *Morelia carinata* und der *Morelia-spilota*-Komplex. Münster.

O'Shea, M. (1996): A Guide to the Snakes of Papua New Guinea. Singapur.

Shine, R. (1991): Australian Snakes: A natural history. Ithaca.

Torr, G. (2000): Pythons of Australia. Malabar.

Wilson, S., & G. Swan (2003): A Complete Guide to Reptiles of Australia. London.

Bildquellen

Karten auf den Einbandinnenseiten:
Bill Smuts nach Vorlagen des Autors

Alle Fotos mit Ausnahme der folgenden stammen vom Autor.

T. Allan/FLP: 21
A. N. T. Photo library/NHPA: 122, 140
Anthony Bannister/NHPA: 107
David G. Barker, VPI: 77, 103, 132, 133, 143, 144 (oben), 145, 147
Mark Bowler/NHPA: 51
Jonathan Campbell: 37 (oben)
James Carmichael jr./NHPA: Umschlag (Titelbild), 1, 2, 7 (oben rechts), 102, 138
Mark Carwardine/NHPA: 64
Indraneil Das: 69, 70 (beide), 71 (rechts)
Lutz Dirksen: 57
Gerry Ellis/Minden Pictures/FLPA: 22
Nick Garbutt/NHPA: 109, 111
Drew Gardner: 92
Ken Griffiths/NHPA: 20, 118 (beide) 130, 131
Wolfgang Grossmann: 73
Daniel Heuclin/NHPA: Umschlag (Rückseite links), 34 (links), 44
Dr. Gunther Köhler: 60
Jean-Louis Le Moigne/NHPA: 53
Bill Love/NHPA: 42, 46, 59 (oben), 62, 87, 91, 104, 126–127, 129 (oben), 147 (unten), 152
Mike McCoy: 115
Chris Mattison/NHPA: 8, 92
Jany Sauvanet/NHPA: Umschlag (Rückseite rechts)
Kevin Schafer/NHPA: 32, 29 (unten)
Jeroen Speybroeck: 68
Karl Switak/NHPA: 47 (unten), 52, 59 (oben), 63, 108, 135
Laurie J. Vitt: 36
Steve Wilson: 114

Danksagungen

An dieser Stelle möchte ich meinen Mitfotografen danken, besonders Dave Barker und Wolfgang Grossmann, die sich sehr bemüht haben, um kurzfristig Bilder von seltenen Exemplaren zu liefern, aber auch Jonathan Campbell, Indraneil Das, Drew Gardner, Gunther Köhler, Mike McCoy, Jeroen Speybroeck, Laurie Vitt und Steve Wilson. Mein Dank gilt auch meinem Herausgeber James Parry und meiner Partnerin Bina Mistry, die einmal mehr akzeptiert hat, dass die Tage für einen Autor lang sind und die private Zeit oft zu kurz kommt. Schließlich möchte ich Alex Harris von Midnet im West Midland Safari Park danken. Bewaffnet mit DiskWarrior rettete er eigenhändig Kapitel 1 und 4, die bei einem Festplattenschaden verloren gegangen waren. Ohne sein technisches Knowhow würden Sie dieses Buch wahrscheinlich nicht in den Händen halten.

Register

R

S

T

U

W

X

Z

Datz.-Terrarienbücher
Ludwig Trutnau
Ungiftige Schlangen
Schlangen im Terrarium · Band 1/1
Ulmer

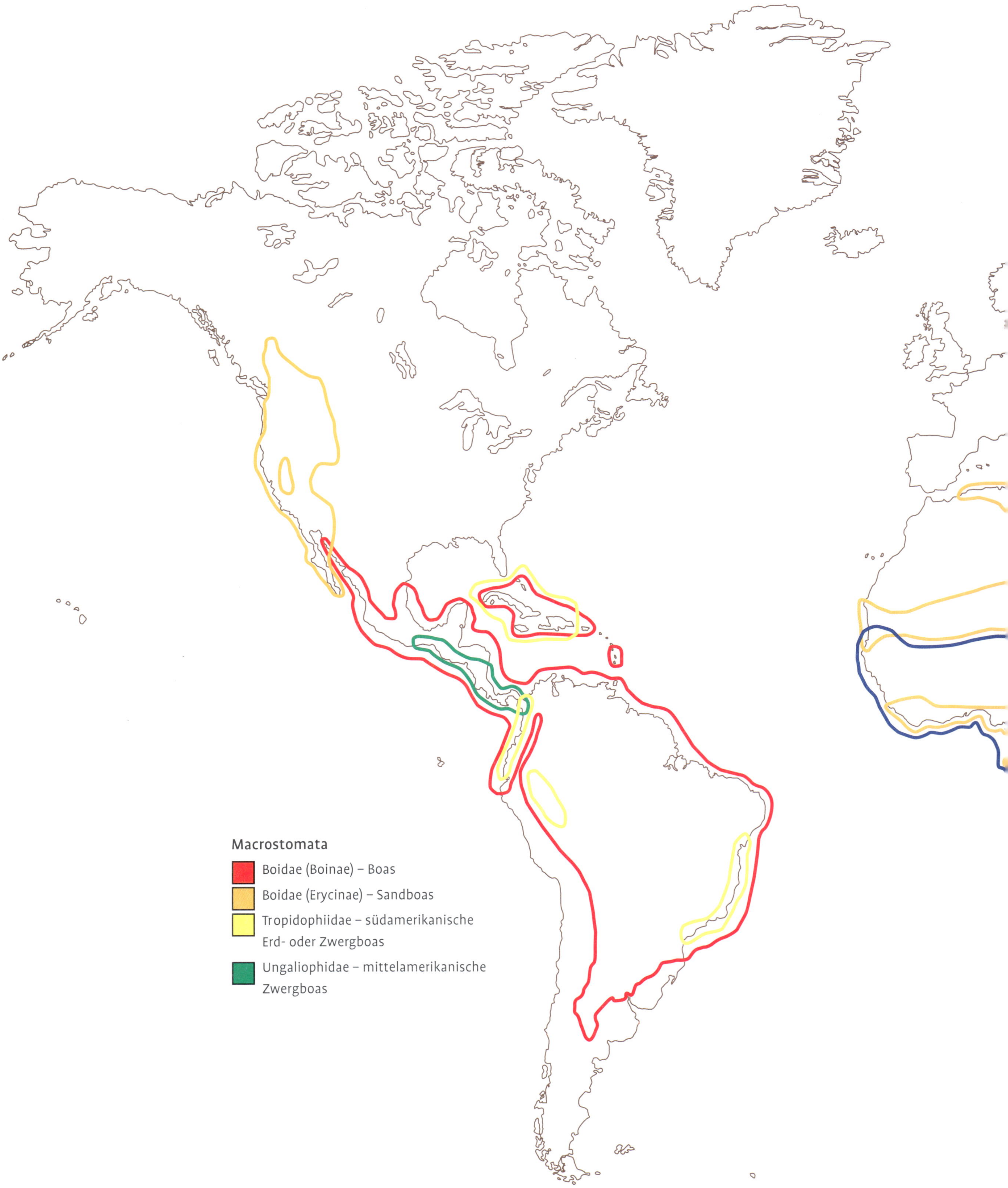
Macrostomata
Boidae (Boinae) – Boas
Boidae (Erycinae) – Sandboas
Tropidophiidae – südamerikanische Erd- oder Zwergboas
Ungaliophidae – mittelamerikanische Zwergboas